铁路职业教育铁道部规划教材

建筑工程施工安全

赵东红 主 编
赵久春 主 审

中国铁道出版社
2012年·北京

内 容 简 介

本书共分九章。第一章为概述，主要讲述了安全生产的法律制度、方针和原则，安全生产管理的内容。第二章主要讲述了施工现场安全管理和技术方面的内容。第三章至第七章介绍了施工中各主要施工过程的安全技术。第八章介绍了施工现场用电的安全技术。第九章介绍了冬季夏季和雨季施工的安全技术。

本书结合建筑工程施工现场实际情况，内容新颖实用，侧重于实用性、针对性和可操作性。强调实践操作能力的培养。本书可作为高职与中专建筑工程、工业与民用建筑专业的教材，也可作为土建类有关工程技术人员的参考用书。

图书在版编目(CIP)数据

建筑工程施工安全/赵东红主编. —北京：中国铁道出版社，2008.6（2012.1重印）
铁路职业教育铁道部规划教材
ISBN 978-7-113-08978-8

Ⅰ.建… Ⅱ.赵… Ⅲ.建筑工程－工程施工－安全管理－职业教育－教材 Ⅳ.TU714

中国版本图书馆CIP数据核字(2008)第089553号

书　　名：建筑工程施工安全
作　　者：赵东红　主编

责任编辑：李丽娟　　电话：(010)51873135
封面设计：陈东山
责任校对：孙　玫
责任印制：金洪泽　陆　宁

出版发行：中国铁道出版社(北京市西城区右安门西街8号，100054)
印　　刷：中国铁道出版社印刷厂
版　　次：2008年6月第1版　2012年1月第2次印刷
开　　本：787 mm×1 092 mm　1/16　印张：10.5　字数：263千
书　　号：ISBN 978-7-113-08978-8
定　　价：21.00元

前言

本书由铁道部教材开发小组统一规划，为铁路职业教育规划教材。本书是根据铁路高职教育房屋建筑与维修专业教学计划“建筑工程施工安全”课程教学大纲，并参照国家有关的规范规定编写的，由铁路职业教育房屋建筑与维修专业教学指导委员会组织，并经铁路职业教育房屋建筑与维修专业教材编审组审定。

随着国民经济的发展和人民物质生活水平的提高，建筑业已成为我国发展较快，人才需求量大的行业。在建筑施工中，安全生产是原则和目标，要始终遵守“安全第一”的生产方针。本书采用了国家新规范、新标准，为了使教材具有实用性、针对性和可操作性，作者在编写时力求做到与工程实际相结合，努力使内容通俗易懂，根据工程实际需要对书中的内容进行合理的整合处理。

本书由齐齐哈尔铁路工程学校赵东红主编，中铁二十三局集团第二工程有限公司赵久春主审。第一、二、三章由齐齐哈尔铁路工程学校黄金革编写，第四、五、六章由齐齐哈尔铁路工程学校张立福编写，第七、八、九章由齐齐哈尔铁路工程学校赵东红编写。

本书在编写过程中得到了齐齐哈尔铁路工程学校领导和老师的支持，在此表示感谢。由于编者水平所限，书中难免存在缺点和疏漏，恳请读者批评指正。

编　者

2008 年 4 月

目　录

第一章 概述

第一节 安全生产的法律制度、方针和原则

一、安全生产的法律制度

安全生产的法律制度包括安全生产法律法规、规章制度、技术规范。

安全生产法律法规:是指国家关于改善劳动条件,实现安全生产,为保护劳动者在生产过程中的安全和健康而采取的各种措施的总和,是必须执行的法律法规。例如:《中华人民共和国刑法》、《中华人民共和国建筑法》、《中华人民共和国安全生产法》、《中华人民共和国环境保护法》、《建设工程安全生产管理条例》等。

规章制度:是指国家各主管部门及其他地方政府的各种法规性文件,制定的各方面的条例、办法、制度、规程、规则和章程等。企业规章制度有以下两个特点:一是制定时必须服从国家法律法规,不能凌驾于国家法律之上;二是在本企业具有约束力,全体员工必须遵守。例如:建设部颁发的《建筑安全生产监督管理规定》、《建设工程施工现场管理规定》、《建筑业企业资质管理规定》。

技术规范:是指人们关于合理利用自然力、生产工具、交通工具和劳动对象的行为规则。安全技术规范是强制性标准。因为,如果违反规范往往会给个人、企业和社会造成严重危害,为维护和有利于社会秩序、企业生产秩序和工作秩序,把遵守安全技术规范确定为法律义务,使之具有法律规范的性质。例如:《建筑企业安全生产评价标准》、《建筑施工安全检查标准》、《建筑施工高处作业安全技术规范》等。

二、安全生产的方针和原则

1. 安全生产的方针

在建筑施工中也同样遵守"安全第一,预防为主"的安全生产方针,"安全生产"是原则和目标,是把人身安全放在首位,安全为了生产,生产必须保证人身安全,它充分体现了"以人为本"的理念;"预防为主"是实现安全第一的重要手段,在工程建设活动中应根据工程建设的特点,对不同的生产要素采取相应的管理措施,从而减少甚至消除事故隐患,尽量把事故消灭在萌芽状态。

在《中华人民共和国建筑法》中,对施工场地、环境保护、施工作业和指挥等都有明确要求,例如:建筑施工企业应当在施工现场采取维护安全、防范危险、预防火灾等措施,有条件的应当对施工现场实行封闭管理;建筑施工企业应当遵守有关环境保护和安全生产的法律、法规的规定,采取控制和处理施工现场的各种粉尘、废气、废水、固体废物以及噪声、振动对环境的

污染和危害的措施；建筑施工企业和作业人员在施工过程中，应当遵守有关安全生产的法律、法规和建筑行业安全规章、规程，不得违章指挥或违章作业。作业人员有权对影响人身健康的作业程序和作业条件提出改进意见，有权获得安全生产所需的防护用品。作业人员对危及生命安全和人身健康的行为有权提出批评、检举和控告。

2. 安全生产的原则

(1)“管生产必须管安全”的原则。“管生产必须管安全”的原则是指工程项目各级领导和全体员工在生产过程中必须坚持在抓生产的同时抓好安全工作。它体现了安全和生产的统一，生产和安全是一个有机的整体，两者不能分割更不能对立起来，应将安全寓于生产之中。

(2)“安全具有否决权”的原则。“安全具有否决权”的原则是指安全生产工作是衡量工程项目管理的一项基本内容，它要求在对项目各项指标考核、评优创先时，首先必须考虑安全指标的完成情况。安全指标没有实现，即使其他指标顺利完成，仍无法实现项目的最优化，安全具有一票否决的作用。

(3)职业安全卫生“三同时”的原则。职业安全卫生技术措施及设施应与主体工程同时设计、同时施工、同时投产使用，以确保工程项目投产后符合职业安全卫生要求。

(4)事故处理“四不放过”的原则。国家法律法规要求，在处理事故时必须坚持和实施“四不放过”原则，即事故原因分析不清不放过；事故责任者和群众没有受到教育不放过；没有整改预防措施不放过；事故责任者和领导不处理不放过。

第二节　安全生产管理

安全生产是指生产过程处于避免人身伤害、设备损坏及其他不可接受的损害风险的状态。

建筑工程安全生产管理是指建设行政主管部门、建筑安全监督管理机构、建筑施工企业及有关单位对建筑安全生产过程中的安全工作进行的计划、组织、指挥、控制、监督、调节和改进等一系列致力于满足生产安全的管理活动。

建设工程施工安全生产的特点：

1. 产品的固定性导致作业环境局限性

建筑产品都是坐落在一个固定的位置上，导致了必须在有限的场地和空间上集中大量的人力、物资、机具同时进行交叉作业，导致作业环境的局限性，因而容易产生物体打击等人身伤亡事故。

2. 露天作业导致作业条件恶劣性

建筑施工大多在露天空旷的场地上进行的，导致施工的工作环境相当艰苦，容易发生伤亡事故。

3. 体积庞大带来了施工作业的高空性

由于建筑产品的体积十分庞大，操作工人大多在十几米，甚至几百米上进行高空作业，因而容易产生高空坠落的伤亡事故。

4. 流动性大，工人素质低增加了安全管理难度性

由于建筑产品的固定性，当这一产品完成后，施工单位就必须转移到另一新的施工地点，施工人员流动性大，素质较差，要求安全管理举措必须及时、到位，从而带来了施工管理的难度性。

5. 手工操作多，体力消耗大，劳动强度高导致了个体劳动保护艰巨性

在恶劣的作业环境下，施工工人的手工操作多，体能消耗大，劳动时间和劳动强度都要比其他行业大，职业危险严重，带来了个人劳动保护的艰巨性。

6. 产品的多样性

建筑产品的多样性，导致施工生产工艺的多变性，施工工艺的多变性要求安全技术措施和安全管理措施要及时、有效。例如一栋建筑物从基础、主体到竣工验收，各道施工工序均有其不同的特性，其不安全的因素各不相同。同时，随着工程建设的进展。施工现场的不安全因素也在随时变化，因而要求施工单位必须针对工程进度和施工现场实际情况，不断地、及时地采取安全技术措施和安全管理措施予以保证。

7. 施工场地窄小带来了多工种立体交叉性

近年来，随着高层建筑的逐渐增多，建筑由低向高发展，而施工现场却由宽到窄发展，致使施工场地与施工条件要求的矛盾日显突出，多工种交叉作业增加，导致机械伤害、物体打击事故不断增多。

施工安全生产的上述特点，决定了施工生产的安全隐患多存在于高空作业、交叉作业、垂直运输、个体劳动保护以及使用电气工具上，伤亡事故也多发生在高空坠落、物体打击、机械伤害、起重伤害、触电、坍塌等方面。同时，超高层、新、奇、个性化的建筑产品的不断出现给建筑施工带来了新的挑战，也给建设工程安全管理和安全防护技术提出了新的要求。

复习思考题

1. 什么是安全生产法律法规、规章制度和技术规范？
2. 安全生产的原则是什么？
3. 建设工程施工安全生产具有什么特点？

第二章 施工现场的安全技术

第一节 施工现场安全管理的主要要求

施工单位应当建立健全安全生产责任制度和安全生产教育培训制度，制定安全生产规章制度和操作规程，保证本单位安全生产条件所需资金的投入，对所承担的建设工程进行定期和专项安全检查，并做好安全检查记录，做到资料齐全、规范。

一、施工单位安全管理必须具备的基本内容

1. 施工单位安全生产必须坚持“安全第一，预防为主”的方针和群防群治原则，并认真贯彻落实国家、地方和施工单位的有关安全生产的法律、法规、标准、规范、规程和规章制度。

2. 单位法定代表人是企业安全生产的第一责任人，其对企业的安全生产负有全面责任；项目经理是本项目的安全生产第一责任人，对项目施工中贯彻落实安全生产的法规、标准负全面责任。

3. 施工单位需要成立“安全生产委员会”，负责领导和协调企业安全生产工作，公司、项目部必须建立健全安全生产保证体系。

4. 公司应设置安全生产管理机构，并向工程项目派驻安全生产专职管理人员（10 000 m^2以下的工地 1 名；10 000 m^2以上的工地 2～3 名；50 000 m^2以上的大型工地，按专业派驻专职安全员，组成安全管理组，负责管理安全工作）。

5. 各级部门应制定所管辖范围的生产安全事故应急救援预案，建立应急救援组织，配备、配齐应急救援人员及应急救援器材、设备并定期组织演练。各项目部根据工程特点、施工条件，对现场重大危险源进行监控，并制定现场生产安全事故应急救援预案，建立应急救援组织，配备应急救援人员及应急救援器材、设备，并定期组织演练。

6. 单位各级领导应当保证公司职业健康安全管理体系持续有效运行所需的各种资源。

7. 公司对列入概算的安全作业环境及安全施工措施所需费用，应当用于施工安全防护用具及设施的采购和更新、安全施工措施的落实、安全生产条件的改善，不得挪作他用。

8. 公司各单位必须为从业人员提供符合国家或行业标准的劳动防护用品。作业人员必须按照使用规则正确佩戴、使用劳动防护用品。

9. 各级管理人员和施工技术人员应熟悉本规程的各项规定，操作人员必须熟悉施工现场安全管理规定及岗位安全操作规程，任何人不得违章指挥和违章作业。

10. 在施工组织设计中编制安全技术措施和施工现场临时用电方案，对下列达到一定规模的危险性较大的分部分项工程编制专项施工方案，并附加安全验算结果，经施工技术负责人、总监理工程师签字后实施，由专职安全生产管理人员进行现场监督。

危险性较大的分部分项工程编制专项施工方案主要有:

(1)基坑支护与降水工程;

(2)土方开挖工程;

(3)模板工程;

(4)起重吊装工程;

(5)脚手架工程;

(6)拆除、爆破工程;

(7)国务院建设行政主管部门规定的其他危险性较大的工程。

上述所列工程中涉及深基坑、地下暗挖工程、高大模板工程的专项施工方案,还应当组织专家进行论证、审查。

二、施工现场的安全管理

在施工现场入口处,施工起重机械、临时用电设施、脚手架、出入通道口、楼梯口、电梯井口、孔洞口、桥梁口、隧道口、基坑边沿、爆破物及有害危险气体和液体存放处等危险部位,都应按要求设置明显的安全警示标志。安全警示标志必须符合国家标准。

工程施工前,负责项目管理的技术人员应对有关安全施工的技术要求按工程的分部分项向施工作业班组、作业人员进行书面详细交底,交底后由双方签字确认并注明交底日期。

凡是上岗作业人员进入新的岗位或者新的施工现场前应当接受安全生产教育培训,未经教育培训或者教育培训考核不合格的人员不得上岗作业。作业人员在采用新技术、新工艺、新设备、新材料时,也应当对作业人员进行相应的安全生产教育培训。

“三宝”使用情况正常,“四口”等临边部位防护规范。“三宝”是指:安全帽、安全带、安全网。“四口”是指:楼梯口、电梯井口、预留洞口、通道口等各种洞口。

第二节　文明施工的基本要求

一、对施工现场进行封闭管理的要求

1. 城区主要路段的施工现场周围必须连续设置高度不低于 2.5 m 的围挡;一般路段的施工现场周围连续设置高度不低于 1.8 m 的围挡。围挡材料采用硬质材料,应该做到坚固、平稳、整洁、美观。

2. 施工现场进出口应设置大门,门头设置企业标志,并设置灯箱或霓虹灯,夜间要保证亮起来。

3. 施工现场应制定门卫管理制度,进出口设置警卫室,有专职门卫人员进行值班。

4. 施工现场的大门进口处应设置“七牌两图”,适当位置设置宣传栏、读报栏、黑板报和安全标语等。

“七牌”包括:(1) 工程概况牌 ;(2) 安全生产纪律牌;(3) 三清六好牌;(4) 文明施工管理牌;(5) 十项安全技术措施牌;(6) 工地消防管理牌;(7) 进入工地必须佩戴安全帽提示牌。

“两图”包括:(1) 施工现场总平面图;(2) 施工现场安全标志布置平面图。

5. 施工现场应针对作业条件在危险部位规范、整齐地悬挂统一内容和式样的安全标志牌。

二、持证上岗

施工现场管理人员和作业人员上岗时应整齐佩戴企业统一制作的工作卡,并持证上岗。

三、施工现场的道路、作业场地硬化的要求

1. 城区主要路段建筑面积在 8 000 m^2以上或工期一年以上的工程,施工现场的道路、钢筋加工场地、木加工场地、混凝土搅拌场地、砂石料堆放场地,应采用混凝土硬化地面。其他工程的施工现场可采用其他方式进行地面硬化,保证平整坚实,无浮土,不积水。

2. 施工现场宜有循环干道。道路上不得堆放构件、材料,保持经常畅通。施工现场门口处应设运输车辆冲洗设施,保证不带泥上路。

3. 施工现场的道路、作业场地、脚手架和塔吊等基础应设排水设施,形成排水网络,保证排水畅通。并设沉淀池,施工废水及雨水经过沉淀后方可排入城市排水系统。

四、现场材料标牌应具有的内容

1. 施工现场堆放的工具、构件、材料应挂定型化的标牌,标牌上注明其名称、品种、规格、生产厂家、进场日期等。

2. 作业区及建筑物楼层内,每道工序、分项工程、分部工程完成后,应对建筑材料、构件、工具及时清捡规整;建筑垃圾及时清扫集中运走,做到工完场清,因故不能及时运走的应分类型集中堆放整齐,并标明名称、品种。

五、施工场地料具、物品堆放的要求

1. 施工现场拆除下来的模板、支撑、脚手架料、垂直提升设备等杆件和施工余料,应及时分类运往规定地点堆放,不能马上运走的应堆放整齐。

2. 易燃易爆及有毒有害的物品必须设专人管理,由专门仓库分类存放,严禁混放和露天存放。

六、导向牌的设置要求

施工现场应设置生产性临时设施、物资贮存设施、办公和生活临时建筑。生活区、办公区应与施工区有明显的分界,并设置坚固美观的导向牌。

七、临时建筑物与在建工程的最小安全距离

在施工场地搭建临时建筑物时,临时建筑物与在建工程的最小安全距离应符合表 2.1 的规定。

表 2.1　临时建筑物与在建工程的最小安全距离

在建工程高度	4 m 以下	5 ~ 15 m	15 ~ 30 m	30 m 以上
最小安全距离	2 m	3 m	4 m	5 m

因场地狭窄,不能达到上述要求的,应采取有效的安全防护措施。

八、施工现场的仓库搭建要求

施工现场的仓库应采用非燃材料搭建,用于存放易燃易爆及有毒有害物品的仓库,应与其

他仓库保持一定距离，并加设安全标志。各类仓库应保持良好通风，符合用电和防火规定。

九、施工现场宿舍的设置要求

1. 室内高度不低于 2.6 m，墙面应刷白，室内和门前地面采用水泥砂浆或不低于水泥砂浆标准的其他材料硬化。

2. 应坚固、美观、通风、保温、干燥，符合防火的有关规定。

3. 每间宿舍居住人数不超过 15 人。应设单人床或上下双层床，每人床铺面积不少于 2 m^2，生活用具放置整齐。

4. 宿舍内应有卫生、防火、治安制度，防煤气中毒、消暑和防蚊虫叮咬措施。保持宿舍周围环境的卫生和安全。

5. 宿舍用电必须安全。灯具高度不低于 2.4 m，低于 2.4 m 时应采用安全电压。

6. 施工现场的员工宿舍禁止设置在尚未竣工的建筑物内或地下室。

十、施工现场食堂应符合的要求

1. 食堂必须有卫生许可证，炊事人员必须持有健康证。

2. 食堂室内高度不低于 2.8 m，设透气窗，墙面抹灰刷白，地面抹水泥砂浆，灶台镶贴瓷砖。市区内工程大灶必须使用燃气、燃油灶具。设置隔油池及污水排放设施，并有防尘、防蝇、防鼠措施。

3. 生、熟食必须分开放置；严禁食用无证、无照商贩的食品；应坚持每天对餐具进行消毒。

4. 食堂距厕所、垃圾场所和其他有害物质的场所不少于 30 m，或设置有效隔离措施。

5. 食堂应建立卫生责任制度，责任到人。

十一、施工现场对厕所的要求

施工现场应设置水冲式厕所，并要符合以下三方面的要求：

1. 地面应抹水泥砂浆，便池镶贴瓷砖。

2. 设纱窗、纱门，门口醒目标明“男厕所”、“女厕所”字样。

3. 高层建筑应隔层设置临时厕所，并严禁随地大小便。

十二、对其他设施的要求

1. 有人员住宿的施工现场宜设立满足职工洗浴的淋浴室。

2. 施工现场应设饮水处，保证职工喝到符合卫生要求的开水。

3. 施工现场应设置吸烟室，严禁随地吸烟。

4. 生活垃圾应分类存放，垃圾应袋装或盛放在带盖的容器内，不得与施工垃圾混放，并及时清运。

第三节　现　场　消　防

一、施工现场消防的主要要求

施工现场应当建立消防安全责任制度，设立消防领导小组，确定消防安全责任人，制定用火、用电、使用易燃易爆材料等各项消防安全管理制度和操作规程，设置消防通道、消防水源，配备消防设施和灭火器材，并在施工现场入口处设置明显标志，在公司各级编制的应急预案中体现有关消防方面的内容。建筑施工高度超过 30 m 时，应设置专用的消防管道、器具和专用水源，并随层设置消防阀门。立管直径不小于 50 mm，设加压泵和泵房。

二、动火作业的管理

施工现场应建立动火审批制度。凡在危险区域进行明火作业，必须经有关部门批准。作业时，应设专人监护；作业完成后，必须确认无火源危险时方可离开。

三、急救管理

1. 大型施工现场应设医务室，由专职医生值班。一般施工现场应配备保健药箱和一般常用药品，并由医生巡回医疗。施工现场均应配备急救器材和经过培训的急救人员。

2. 施工现场应建立职工登记制度，对职工的姓名、性别、年龄、家庭住址、健康状况、联系方式、身份证号等进行登记造册，并每天进行人员清点。

3. 施工现场应经常开展卫生防病宣传教育，增加职工的卫生防病知识。

四、施工过程不扰民

1. 施工现场应建立施工不扰民的措施，有责任人管理和检查。

2. 施工现场应针对施工工艺采取防尘和防止噪声措施，并定期对施工现场的噪声进行监测，如实填写记录；在允许的施工时间之外必须施工时，应由当地市环保部门批准。

3. 施工现场不得焚烧有毒、有害物质和随意抛撒建筑垃圾。

复习思考题

1. 危险性较大的分部分项工程施工方案中应包括哪些内容？

2.“三宝”、“四口”各指什么？

3. 施工现场的大门进口处设置的“七牌两图”包括什么？

4. 临时建筑物与在建工程的最小安全距离是多少？

5. 施工现场消防的主要要求是什么？

第三章 基础工程的安全技术

第一节　土石方工程施工的安全技术

土石方施工事故是建筑工程施工中常见的多发型事故，因土方坍塌造成的事故占每年因工死亡人数的5%左右，土石方工程安全施工已经成为建筑工程安全生产中的一个突出问题。

土石方工程施工安全具体要求如下：

1. 施工前，应对施工区域内存在的各种障碍物，如建筑物、道路、沟渠、管线、防空洞、旧基础、坟墓、树木等，凡影响施工的均应拆除、清理或迁移，并在施工前妥善处理，确保施工安全。

2. 大型土方和开挖较深的基坑工程，施工前要认真研究整个施工区域和施工场地内的工程地质和水文资料、邻近建筑物或构筑物的质量和分布状况、挖土和弃土要求、施工环境及气候条件等，编制专项施工组织设计（方案），制定有针对性的安全技术措施，严禁盲目施工。

3. 山区施工，应事先了解当地地形地貌、地质构造、地层岩性、水文地质等，如因土石方施工可能产生滑坡时，应采取可靠的安全技术措施。在陡峻山坡脚下施工，应事先检查山坡坡面情况，如有危岩、孤石、崩塌体、滑坡体等不稳定迹象时，应妥善处理后，才能施工。

4. 对施工机械进入施工现场所经过的道路、桥梁和卸车设备等，应事先做好检查和必要的加宽、加固工作。开工前应做好施工场地内机械运行的道路，开辟适当的工作面，以利安全施工。

5. 土方开挖前，应会同有关单位对附近已有建筑物或构筑物、道路、管线等进行检查和鉴定，对可能受开挖和降水影响的邻近建（构）筑物、管线，应制定相应的安全技术措施，并在整个施工期间，加强监测其沉降和位移、开裂等情况，发现问题应与设计或建设单位协商采取防护措施，并及时处理。

相邻基坑深浅不等时，一般应按先深后浅的顺序施工，否则应分析后施工的深坑对先施工的浅坑可能产生的危害，并应采取必要的保护措施。

6. 基坑开挖工程应验算边坡或基坑的稳定性，并注意由于土体内应力的变化和淤泥土的塑性流动而导致周围土体向基坑开挖方向位移，使基坑邻近建筑物等产生相应的位移和下沉。验算时应考虑地面堆载、地表积水和邻近建筑物的影响等不利因素，决定是否需要支护，选择合理的支护形式。在基坑开挖期间应加强监测。

7. 在饱和黏性土、粉土的施工现场不得边打桩边开挖基坑，应待桩全部打完并间歇一段时间后再开挖，以免影响边坡或基坑的稳定性并应防止开挖基坑可能引起的基坑内外的桩产生过大位移、倾斜或断裂。

8. 基坑开挖后应及时修筑基础，不得长期暴露。基础施工完毕，应抓紧完成基坑的回填工作。回填基坑时，必须事先清除基坑中不符合回填要求的杂物。在相对的两侧或四周同时均匀进行，并且分层夯实。

9. 基坑开挖深度超过 9 m(或地下室超过二层)，或深度虽未超过 9 m，但地质条件和周围环境复杂时，在施工过程中要加强监测，施工方案必须由单位总工程师审定，报企业上一级主管部门备查。

10. 基坑深度超过 14 m、地下室为三层或三层以上，地质条件和周围特别复杂及工程影响重大时，有关设计和施工方案，施工单位要协同建设单位组织评审后，报市建设行政主管部门备案。

11. 夜间施工时，应合理安排施工项目，防止挖方超挖或铺填超厚。施工现场应根据需要安设照明设施，在危险地段应设置红灯警示。

12. 土方工程、基坑工程在施工过程中，如发现有文物、古迹遗址或化石等，应立即保护现场和报请有关部门处理。

13. 挖土方前对周围环境要认真检查，不能在危险岩石或建筑物下面进行作业。

14. 人工开挖时，两人操作间距应保持 2 ~3 m，并应自上而下挖掘，严禁采用掏洞的挖掘操作方法。

15. 上下坑沟应先挖好阶梯或设木梯，不应踩踏土壁及其支撑上下。

16. 用挖土机施工时，挖土机的工作范围内不得有人进行其他工作，多台机械开挖，挖土机间距应大于 10 m，挖土要自上而下，逐层进行，严禁先挖坡脚的危险作业。

17. 基坑开挖应严格按要求放坡，操作时应随时注意边坡的稳定情况，如发现有裂纹或部分塌落现象，要及时进行支撑或改缓放坡，并注意支撑的稳固和边坡的变化。

18. 机械挖土，多台阶同时开挖土方时，应验算边坡的稳定，根据规定和验算确定挖土机离边坡的安全距离。

19. 深基坑四周设防护栏杆，人员上下要有专用爬梯。

20. 挖土施工安全要求：

(1)使用时间较长的临时性挖方，土坡坡度要根据工程地质和土坡高度，结合当地同类土体的稳定坡度值确定。

(2)土方开挖宜从上到下分层分段进行，并随时作成一定的坡势以利泄水，且不应在影响边坡稳定的范围内积水。

(3)在斜坡上方弃土时，应保证挖方边坡的稳定。弃土堆应连续设置，其顶面应向外倾斜，以防山坡水流入挖方场地。但坡度陡于 1/5 或在软土地区，禁止在挖方上侧弃土。在挖方下侧弃土时，要将弃土堆表面整平，并向外倾斜，弃土表面要低于挖方场地的设计标高，或在弃土堆与挖方场地间设置排水沟，防止地面水流入挖方场地。

(4)在滑坡地段挖方时，应符合下列要求：

① 施工前先了解工程地质勘察资料、地形、地貌及滑坡迹象等情况，并制定相应的施工方法和安全技术措施。

② 不宜雨季施工，同时不应破坏挖方上坡的自然植被，并事先作好地面和地下排水设施。

③ 遵循先整治后开挖的施工顺序，在开挖时，须遵循由上到下的开挖顺序，严禁先切除坡脚。

④ 爆破施工时，严防因爆破震动产生滑坡。

⑤ 抗滑挡土墙要尽量在旱季施工，基槽开挖应分段跳槽进行，并加设支撑；开挖一段就要将挡土墙作好一段。

⑥ 开挖过程中如发现有滑坡迹象(如裂缝、滑动等)时,应暂停施工,必要时,所有人员和机械要撤至安全地点,并采取措施及时处理。

21. 基坑(槽)和管沟施工安全要求:

(1)基坑(槽)、管沟的开挖或回填应连续进行,尽快完成。施工中应防止地面水流入坑、沟内,以免边坡塌方或基土遭到破坏。

雨季施工或基坑(槽)、管沟挖好后不能及时进行下一工序时,可在基底标高以上留 150 ~ 300 mm 厚的土层暂时不挖,待下一工序开始前再挖除。

采用机械开挖基坑(槽)或管沟时,可在基底标高以上预留一层用人工清理,其厚度应根据施工机械确定。

(2)基坑(槽)底部的开挖宽度,除基础底部宽度外,应根据施工需要增加工作面、排水设施和支撑结构的宽度。

(3)管沟底部开挖宽度(有支撑者为撑板间的净宽),除管道结构宽度外,应增加工作面宽度。每侧工作面宽度应符合表 3.1 的要求。

表 3.1　管沟底部每侧工作面宽度

管道结构宽度(mm)	每侧工作面宽度(mm)	
	非金属管道	金属管道或砖沟
200 ~ 500	400	300
600 ~ 1 000	500	400
1 100 ~ 1 500	600	600
1 600 ~ 2 500	800	800

注:1. 管道结构宽度:无管座时按管身外皮计,有管座时按管座外皮计,砖砌或混凝土管沟按管沟外皮计。
2. 沟底需增设排水沟时,工作面宽度可适当增加。
3. 有外防水的砖沟或混凝土沟时,每侧工作面宽度宜取 800 mm。

(4)土质均匀且地下水位低于基坑(槽)或管沟底面标高时,其挖方边坡可作成直立壁不加支撑。挖方深度应根据土质确定,但不宜超过下列要求:

密实、中实的砂土和碎石类土(充填物为砂土)　1 m
硬塑、可塑的轻亚黏土和碎亚黏土　1. 25 m
硬塑、可塑的黏土和碎石类土(充填物为黏性土)　1. 5 m
坚硬的黏土　2 m

基坑(槽)或管沟挖好后,应及时进行地下结构和安装工程施工。在施工过程中,应经常检查坑壁的稳定情况。

(5)地质条件良好、土质均匀且地下水位低于基坑(槽)或管沟底面标高时,挖方深度在 5 m以内开挖后暴露时间不超过 15 d 的,不加支撑的边坡的最陡坡度应符合表 3. 2 的要求。

(6)基坑深度大于 5 m 且无地下水时,如现场条件许可且较为经济、合理时,可将坑壁坡度适当放缓,或可采取台阶式的放坡形式,并在坡顶和台阶处宜加设宽 1 m 以上的平台。

(7)深基坑或雨季施工的浅基坑的边坡开挖以后,必须随即采取护坡措施,以免边坡坍塌或滑移。护坡方法视土质条件、施工季节、工期长短等情况,可采用塑料布和聚丙烯编织物等不透水薄膜加以覆盖,或砂袋护坡、碎石铺砌、喷抹水泥砂浆、铁丝网水泥浆抹面等,并应防止地表水或渗漏水冲刷边坡。

(8)基坑(槽)或管沟需设置坑壁支撑时,应根据开挖深度、土质条件、地下水位、施工方法、相邻建筑物和构筑物等情况进行选择和设计。支撑必须牢固可靠,确保安全施工。

(9)采用钢筋混凝土地下连续墙作坑壁支撑时,混凝土达到设计强度后,方许进行挖土方。

(10)基坑(槽)、管沟的直立壁和边坡,在开挖过程和敞露期间应防止塌陷,必要时应加以保护。

表 3.2 不加支护基坑(槽)边坡的最大坡度

土的类别	坑壁坡度		
	坑缘无荷载	坑缘静荷载	坑缘有动荷载
中密的砂土	1∶1.00	1∶1.25	1∶1.50
中密的砂石土(充填物为砂土)	1∶0.75	1∶1.00	1∶1.25
稍湿的粉土	1∶0.67	1∶0.75	1∶1.00
中密的碎石土(充填物为黏土)	1∶0.50	1∶0.67	1∶0.45
硬塑的粉质黏土、黏土	1∶0.33	1∶0.5	1∶0.67
软土(经井点降水后)	1∶1.00	—	—
泥岩、白垩土、黏土夹有石块	1∶0.25	1∶0.33	1∶0.67
未风化页岩	1∶0	1∶0.1	1∶0.25
岩石	1∶0	1∶0	1∶0

在挖方边坡上侧堆土或材料以及移动施工机械时，应与挖方边缘保持一定距离，以保证边坡和直立壁的稳定。当土质良好时，堆土或材料应距挖方边缘 0.8 m 以外，高度不宜超过 1.5 m。

在柱基周围、墙基或围墙一侧，不得堆土过高。

(11)开挖基坑(槽)或管沟时，应合理确定开挖顺序和分层开挖深度。当接近地下水位时，应先完成标高最低处的挖方，以便于在该处集中排水。

(12)基坑(槽)、管沟回填时，应符合下列要求：

① 填土前，应清除沟槽内的积水和有机杂物。

② 基础或管沟的现浇混凝土应达到一定强度，不致因填土而受损伤时，方可回填。

③ 沟(槽)回填顺序，应按基底排水方向由高至低分层进行。

④ 回填土料、每层铺填厚度和压实要求，应按有关规定执行，如设计允许回填土自行沉实时，可不夯实。

⑤ 基坑(槽)回填应在相对两侧和四周同时进行。

⑥ 回填管沟时，为防止管道中心线位移或损坏管道，应用人工先在管子周围夯实，并应从管道两边同时进行，直至管顶 0.5 m 以上。在不损坏管道的情况下，方可采用机械回填和压实。

(13)在软土地区开挖基坑(槽)或管沟时，除应按照本节有关要求外，尚应符合下列要求：

① 施工前必须做好地面排水和降低地下水位工作，地下水位应降低至基底以下 0.5 ~ 1.0 m后，方可开挖。降水工作应持续到回填完毕，采用明排水时可不受此限。

② 施工机械行驶道路应填筑适当厚度的碎(砾)石，必要时应铺设工具式路基箱(板)或梢排等。

③ 相邻基坑(槽)和管沟开挖时，应遵循先深后浅或同时进行的施工顺序，并应及时作好基础。

④ 在密集群桩上开挖基坑时，应在打桩完成后间隔一段时间，再对称挖土，邻近四周不得有振动作用。挖土宜分层进行，并应注意基坑土体的稳定，加强土体变形监测，防止由于挖土过快或边坡过陡使基坑中卸载过速、土体失稳等原因而引起桩身上浮、倾斜、位移、断裂等事

故。

⑤ 基坑(槽)开挖后,应尽量减少对基土的扰动。如基础不能及时施工时,可在基底标高以上留0.1 ~0.3 m土层不挖,待作基础时挖除。

⑥ 挖出的土不得堆放在边坡顶上或建筑物(构筑物)附近,应立即转运至规定的距离以外。

(14)膨胀土地区开挖基坑(槽)或管沟时,除按照本节有关要求外,尚应符合下列要求:

① 场地平整后至基坑(槽)、管沟开挖宜间隔一段时间,以减少基土的膨胀变形。

② 基坑(槽)或管沟的开挖、地基与基础的施工和回填土等应连续进行,并应避免在雨天施工。

③ 开挖前应做好排水工作,防止地表水、施工用水和生活废水浸入施工场地或冲刷边坡。

④ 开挖后,基土不得受烈日暴晒或雨水浸泡,必要时可预留一层不挖,待作基础时挖除。

⑤ 采用砂地基时,应先将砂浇水至饱和后再铺填夯实,不得采用基坑(槽)或管沟内浇水使砂沉落的施工方法。

⑥ 回填土料应符合设计要求。如无设计要求时,宜选用非膨胀土、弱膨胀土或掺有适当比例的石灰及其他松散材料的膨胀土。

第二节　土方回填、换填和压实的安全技术

在土方回填、换填和压实的施工过程中,既要保证填方工程满足强度、变形和稳定性的要求,又要满足施工安全的要求,所以必须合理的选择施工方法和施工机具。

一、土方回填

(一)土方回填应做的施工准备

1. 基础或管沟的混凝土应达到一定强度,不致因填土造成两侧压力不平衡,使基础变形或倾倒。

2. 基坑(槽)的支撑应经常检查是否有松动变形等不安全迹象,特别是雨后及冻融期间更应加强检查。

3. 人员进行安全技术教育,并认真布置现场的安全防护设施,配备施工人员所必需的安全保护用品。

(二)人工回填的安全技术要点

1. 用手推车运土,应先平整好道路。卸土回填,不得放手让车自动翻转。

2. 深基坑(槽)上下应先挖好阶梯或设置靠梯,或开坡道,采取防滑措施,禁止踩踏支撑上下。深度超过2 m的基坑(槽),周边应设置防护设施。

(三)机械回填的安全技术要点

土方回填采用的施工机械主要有蛙式打夯机、铲运机、自卸汽车、推土机、机动翻斗车、压路机。采用推土机回填时,附近不得有人;推土机向边坡推土,刀片不得超过坡边,并在换好挡后才能提升刀片倒车;推土机上下坡不得超过35°,横坡行驶不得超过10°。采用翻斗车或自卸汽车配合运土时,不得直接倒入沟槽(坑)内。采用机械碾压时,应遵守压实机械有关安全技术操作规程。

二、土的换填

(一)素土、灰土换填地基

1. 素土、灰土换填地基施工时的安全规定

(1)在挖土前应先熟悉作业内容、作业环境,对所使用的铁锹、铁镐、车子等工具要认真进行检查,不牢固不得使用。

(2)工作时操作人员必须正确佩戴个人防护用品,不得赤脚、露体,作业时应站在上风操作。遇 4 级以上强风,应停止筛灰。

(3)在夜间或者自然光线不足的场所进行工作,应设置足够的照明设备,高度不能低于 3 m。

(4)装运所挖出的土或砂时,装车要轻、稳,防止扬尘,运送时必须用篷布或塑料布覆盖,防止污染环境。

(5)施工用电按 TN-S 布置,三级配电二级保护,实施“一机一闸一箱一漏”配置。

(6)机械工、电工持证上岗,非电工不得从事电气作业。

(7)施工前应对施工人员进行安全技术教育,并认真布置现场的安全防护设施,配备施工人员所必需的安全保护用品。

2. 素土、灰土换填地基施工前的准备工作

(1)开挖软弱土层前,应该进行必要的周边环境勘察。将施工区域内的地上、地下障碍物清除和处理完毕。

(2)开挖的周边应设排水沟, 排水沟断面尺寸一般为 0.5 m × 0.5 m, 坡度以施工现场地势情况为主,一般坡度为 3%,且应采取措施避免漏水、渗水进入坑内。

(3)场内地下管线、电缆应进行迁移或处理。

3. 素土、灰土换填地基施工机械

素土、灰土换填地基施工用机械主要有推土机、压路机、蛙式打夯机。具体要求与土方回填时的要求相同。

(二)砂和砂石垫层地基

1. 砂和砂石垫层地基施工时的安全规定

(1)在挖土前应先熟悉作业内容、作业环境,对所使用的铁锹、铁镐、车子等工具要认真进行检查,不牢固不得使用。

(2)施工前应对施工人员进行安全技术教育,并认真布置现场的安全防护设施,配备施工人员所必需的安全防护用品。

(3)工作时操作人员必须正确佩戴个人防护用品,不得赤脚、露体,作业时应站在上风操作。

(4)装运砂和砂砾石时,动作要轻、稳,防止扬尘,运送时必须用篷布覆盖,防止污染环境。

(5)在夜间或者自然光线不足的场所进行工作,应设置足够的照明设备,高度不能低于 3 m。

(6)机械工、电工持证上岗,非电工不得从事电气作业。

2. 砂和砂石垫层地基施工前的准备工作

(1)开挖软弱土层前,应该进行必要的周边环境勘察。将施工区域内的地上、地下障碍物清除和处理完毕。

(2)开挖的周边应设排水沟，排水沟断面尺寸一般为 0.5m × 0.5m，坡度以施工现场地势情况为主，一般坡度为 3%，且应采取措施避免漏水、渗水进入坑内。

(3)场内地下管线、电缆进行迁移或处理。

(4)施工用各种机械设备进行施工前的检查，状态良好，方可进行施工。

3. 砂和砂石垫层地基施工机械

砂和砂石垫层地基施工用机械主要有压路机、翻斗汽车，具体要求与土方回填时的要求相同。

第三节　重锤夯实、强夯的安全技术

一、重锤夯实、强夯施工一般规定

1. 在挖土前应先熟悉作业内容、作业环境，对所使用的铁锹、铁镐、车子等工具要认真进行检查，不牢固不得使用。

2. 工作时必须正确佩戴个人防护用品，不得赤脚、露体，作业时应站在上风操作。高处作业挂安全带，高空检查修桩机不得向下乱丢物件。遇 4 级以上强风停止作业。

3. 在夜间或者自然光线不足的场所进行工作，应设置足够的照明设备，高度不能低于 3 m。

4. 操作人员进行安全技术教育，并认真布置现场的安全防护设施，配备施工人员所必需的安全防护用品。

5. 机械工、电工、电焊工要持证上岗。

6. 供电线路按 TN-S 布置，三级配电二级保护，实施"一机一闸一箱一漏"配置。雷雨天停止施工，要切断电源。夜间施工必须有足够的照明设施。

7. 机械维修必须停电作业，配电箱应加锁，否则派专人监控。机械传动部分设防护罩以免伤人。

二、重锤夯实、强夯施工安全要点

1. 施工前应查明场地范围内的地下构筑物和地下管线的位置及标高等，并采取必要措施，以免因施工而造成损坏。

2. 当强夯施工所产生的振动对邻近建筑物或设备产生有害影响时应设置监测点；并采取挖隔振沟等隔振或防振措施。

3. 强夯作业前应对起重设备，索具卡环等进行全面检查，并进行试吊、试夯，检查钢丝绳各部位受力情况，一切正常方可进行强夯。

4. 对桅杆等强夯机械应经常检查是否合格，地面有无沉陷，桅杆底部应垫 80 ~ 100 mm 厚木板。

5. 起吊夯锤，吊索要保持垂直；起吊夯锤或挂钩不得碰冲吊臂，应在适当位置挂废轮胎加以保护。

6. 夯锤起吊后，臂杆和重锤下 15 m 内严禁站人，且不得在起重臂旋转半径范围内通过。非工作人员远离夯点 30 m 以外，现场操作人员应正确佩戴安全帽。

7. 起吊夯锤速度不宜太快，不能在高空停留过久，严禁猛升猛降，以防夯锤脱落；停止作业时，不得将夯锤挂在半空。

8. 夯击过程中应随时检查坑壁有无坍塌可能,必要时采取防护措施。

三、强夯施工的施工机械

强夯施工的施工机械主要有起重机、强夯机、推土机。

(一)强夯施工时的安全技术要求

1. 现场施工负责人应为起重机作业提供足够的工作场地,清除或避开起重臂起落及回转半径内的障碍物。

2. 各类起重机应装有音响清晰的喇叭、电铃或汽笛等信号装置。在起重臂、吊钩、平衡重等转动体上应标以鲜明的色彩标志。

3. 起重吊装的指挥人员必须持证上岗,作业时应与操作人员密切配合,执行规定的指挥信号。操作人员应按照指挥人员的信号进行作业,当信号不清或错误时,操作人员可拒绝执行。

4. 起重机作业时,起重臂和重物下方严禁有人停留、工作或通过。重物吊运时,严禁从人上方通过。严禁用起重机载运人员。

5. 严禁使用起重机进行斜拉、斜吊和起吊地下埋设或凝固在地面上的重物以及其他不明重量的物体。现场浇注的混凝土构件或模板,必须全部松动后方可起吊。

6. 严禁起吊重物长时间悬挂在空中。作业中遇突发故障,应采取措施将重物降落到安全地方,并关闭发动机或切断电源后进行检修。在突然停电时,应立即把所有控制器拨到零位,断开电源总开关,并采取措施使重物降到地面。

(二)强夯机械的安全技术要点

1. 担任强夯作业的主机,应按照强夯等级的要求经过计算选用。用履带式起重机作主机的,应执行相应机械的安全操作规程。

2. 夯机的作业场地应平整,门架底座与夯机着地部位应保持水平,当下沉超过 100 mm 时应重新垫高。

3. 强夯机械的门架、横梁、脱钩器等主要结构和部件的材料及制作质量,应经过严格检查,对不符合设计要求的不得使用。

4. 夯机在工作状态时,起重臂仰角应置于 70°。

5. 梯形门架支腿不得前后错位,门架支腿在未支稳垫实前不得提锤。变换夯位后,应重新检查门架支腿,确认稳固可靠,然后再将锤提升 100 ~ 300 mm;检查整机的稳定性,确认可靠后方可作业。

6. 夯锤下落后,在吊钩尚未降至夯锤吊环附近前,操作人员不得提前下坑挂钩。从坑中提锤时,严禁挂钩人员站在锤上随锤提升。

7. 当夯锤留有相应的通气孔在作业中出现堵塞现象时,应随时清理。但严禁在锤下进行清理。

8. 当夯坑内有积水或因黏土产生的锤底吸附力增大时,应采取措施排除,不得强行提锤。

9. 转移夯点时,夯锤应由辅机协助转移,门架随夯机移动前,支腿离地面高度不得超过 500 mm。

10. 作业后,应将夯锤下降,放实在地面上。在非作业时严禁将锤悬挂在空中。

第四节　挤密型地基的安全施工技术

挤密型地基加固的具体形式主要有:振冲碎石桩、灰土挤密桩、夯实水泥土桩复合三种。

一、振冲碎石桩

（一）振冲碎石桩施工时的安全技术要求

1. 施工前应做好安全技术教育和施工中的安全技术交底工作，并认真布置现场的安全防护设施，配备施工人员所必需的安全防护用品。

2. 控制设备包括控制电流操作台、150 A 电流表、500 V 电压表以及供水管道。

3. 工作时必须正确佩戴个人防护用品，不得赤脚、露体，作业时应站在上风操作。遇大风天气停止作业。

4. 在夜间或者自然光线不足的场所进行工作，应设置足够的照明设备。

5. 在施工全过程中，严格执行打桩机械的安全操作规程，防止机械及人身安全事故的发生。

6. 振动或锤击沉桩机、冲击机操作时，应安放平稳，防止作业时突然倾倒或锤头突然下落，造成人员伤亡或设备损坏。

7. 成孔时，距振动锤、落锤、冲击锤 6 m 范围内不得有人走动或进行其他作业。已成的孔尚未填夯碎石前应加盖板，以免人员或物件掉入孔内。

（二）振冲碎石桩施工前的准备工作

1. 对建筑场地地面上所有障碍物和地下管线、电缆、基础等均应全部拆除或搬迁。桩机振动对邻近建筑物及厂房内仪器设备有影响时应采取有效保护措施。

2. 对施工场地进行平整，对桩机走行的松软场地应进行预压处理，周围应做好有效的排水措施。

（三）振冲碎石桩施工的施工机械

振冲碎石桩的施工机械主要有打桩机、振冲器（振动冲击夯）、起重机、潜水泵。

1. 打桩机的安全技术特点

（1）选用打桩机时，应该按所要打桩的桩长、桩径、地质条件、施工工艺等综合考虑。打桩作业前，应由施工技术人员向机组人员进行安全技术交底。

（2）打桩机所配置的电动机、内燃机、卷扬机、液压装置等，应执行相应机械的安全操作规程。

（3）安装时，应将桩锤运到立柱正前方 2 m 以内，并不得斜吊。吊装时，应在桩上挂好拉绳，不得与桩锤或机架碰撞。

（4）打桩机作业区内无高压线路。作业区应有明显标志或围栏，非工作人员不得进入。桩锤在施打过程中，操作人员必须在距离桩锤中心 5 m 以外监视。

（5）施工现场应按地基承载力不小于 83 kPa 的要求进行整平压实。在基坑和围堰内打桩，应配置足够的排水设备。

（6）机组人员登高检查或维修时，必须系安全带；工具和其他物件应放在工具包内，高空人员不得向下随意抛物。

（7）插桩后，应及时校正桩的垂直度。桩入土 3 m 以上时，严禁用打桩机行走或回转动做纠正桩的倾斜度。

（8）水上打桩时，应选择排水量比桩机重量大 4 倍以上的作业船或牢固排架，打桩机与船体或排架应可靠固定，并采取有效的锚固措施。当打桩船与排架的偏斜度超过 3°时，应停止作业。

(9)拔送桩时,不得超过打桩机起重的能力,起拔载荷应符合以下规定:

① 打桩机为电动卷扬机时,起拔荷载不得超过电动满载电流;

② 打桩机的卷扬机以内燃机为动力时,拔桩时发现内燃机明显降速,应立即停止起拔;

③ 每米送桩深度的起拔荷载可按 40 kN 计算。

(10)卷扬钢丝绳应经常润滑,不得干摩擦。钢丝绳的使用及报废标准执行相应机械的安全操作规程。

(11)严禁吊桩、吊锤、回转或行走等动作同时进行。打桩机在吊有桩和锤的情况下,操作人员不得离开岗位。

(12) 作业中,当停机时间较长时应将桩锤落下垫好。检查时不得悬吊桩锤。

(13)遇有雷雨、大雾和 6 级及以上大风等恶劣气候时应停止一切作业。当风力超过 7 级或有风暴警报时应将打桩顺风向停置,并应增加缆风绳,或将桩立柱放倒在地面上。立柱长度在 27 m 及以上时应提前放倒。

(14)作业后,应将打桩机停放在坚实平整的地面上,将桩锤落下垫实,并切断动力电源。

2. 振冲器的安全技术特点

(1)作业前重点检查的项目及要求:

① 部件连接良好,无松动;

② 内燃冲击夯有足够的润滑油,油门控制器转动灵活;

③ 电动冲击夯有可靠的接零或接地,电缆线表面绝缘完好。

(2)内燃冲击夯启动后,内燃机应怠速运转 3 ~5 min,待夯机跳动稳定后方可作业。

(3)夯机在接通电源启动后,应检查电动机旋转方向,有错误时应倒换相线。

(4)振冲器使用前必须由电工对各部进行检查,确认无漏电后方可作业。夯机应装有漏电保护装置,操作人员必须戴绝缘手套,穿绝缘鞋。作业时,电缆线不应拉得过紧,应经常检查线头安装,不得松动及引起漏电。严禁冒雨作业。

(5)振冲器场地四周设置警戒区;装设防护栏杆及警告标志,严禁无关人员在此停留。作人员在作业时必须离开起重吊装振冲器至少 2 m 以外。

3. 潜水泵的安全技术要点

(1)作业前应进行检查,泵座应稳固。

(2)运转中出现故障时应立即切断电源,排除故障后方可再次合闸开机。检修必须由专职电工进行。

(3)夜间作业时,工作区应有充足照明。

(4)潜水泵接通电源后,应先进行试转,并检查确认旋转方向是否正确。在水外试转时时间不得超过 5 min 。

(5)水泵运转中严禁从泵上跨越。升降吸水管时操作人员必须站在有护栏的平台上。

(6)提升或下降潜水泵时必须切断电源,使用绝缘材料,严禁提拉电缆。

(7)潜水泵应装在坚固的篮筐内放入水中,也可在水中将泵的四周设立坚固的防护围网,泵应直立水中,水深不得小于 0. 5 m,不得在泥沙混水中使用。

(8)潜水泵必须做好保护接零并装设漏电保护装置。潜水泵工作水域 30 m 内不得有人畜进入。

(9)作业后,应将电源关闭,将水泵安放妥善。

4. 空气压缩机的安全技术要点

(1)空气压缩机作业区应保持清洁和干燥。储气罐应放在通风良好处,距储气罐 15 m 以内不得进行焊接或热加工作业。

(2)空气压缩机的进排气管较长时应加以固定,管路不得有急弯;对较长管路应设伸缩变形装置。

(3)作业前应重点检查的项目及要求:

① 燃、润油料应均添加充足;

② 各连接部位应紧固,各运动机构及各部阀门开闭灵活;

③ 各防护装置应齐全良好,储气罐内无存水;

④ 电动空气压缩机的电动机及启动器外壳接地应良好,接地电阻不大于 4 Ω;

⑤ 压力表和安全阀应经过检定,并在检定有效期内。

(4)输气胶管应保持畅通,不得扭曲,开启送气阀前应将输气管道连接好,并通知现场有关人员后方可送气。在出气口前方,不得有人员站立。

(5)发现下列情况之一时应立即停机检查,找出原因并排除故障后,方可继续作业。

① 漏水、漏气、漏电或冷却水突然中断,压力表、温度表、电流表指示值超过规定;

② 排气压力突然升高,排气阀、安全阀失效;

③ 机械有异响或电动机电刷发生强烈火花。

(6)运转中,在缺水而使气缸过热停机时,应待汽缸自然降温至 60 ℃以下时方可加水。

(7)当电动空气压缩机运转中突然停电时,应立即切断电源,等来电后重新在无载状态下启动。

(8)停机时,应先卸去载荷,然后分离主离合器,再停止内燃机或电动机的运转。

(9)停机后,应关闭冷却水阀门,打开放气阀,放出各冷却器和储气罐内的油水和存气方可离岗。

二、灰土挤密桩施工

(一)灰土挤密桩施工时的一般规定

1. 机械工、电工应持证上岗,严禁无证上岗。

2. 临时供电线路应按 TN-S 布置,采用“一机一闸一箱一漏”三级配电二级保护。

3. 施工前应对施工人员进行安全技术教育,并认真布置现场的安全防护设施,配备施工人员所必需的安全防护用品。进行作业前,应由施工技术人员向机组人员进行安全技术交底。

4. 工作时必须正确佩戴个人防护用品,不得赤脚、露体,作业时应站在上风操作。高处作业挂安全带,高空检查桩机时不得向下乱丢物件。遇 4 级以上强风停止作业。

5. 在夜间或者自然光线不足的场所进行工作时,应设置足够的照明设施,高度不低于 3 m。

6. 基坑成孔施工时坑内应无零散的砖头或有机杂物,保持基坑内清洁。

7. 振动或锤击沉桩机、冲击操作时,应安放平稳,防止成孔时突然倾倒或锤头突然下落,造成人员伤亡或设备损坏。

8. 基坑施工前应进行划分作业段,使施工机械有序地在基坑内施工,其电缆线应支设在基坑壁上,并在工作期间每天均要整理电缆线,避免因电缆线散乱,由施工不当产生的触电伤害。

9. 施工工具应按施工中划分作业段摆放到位,施工用具应放置在规定地点,不得随意将用具从坑上投下,不得盲目抛放在基坑内。

10. 成孔时,距振动锤、落锤、冲击锤 6m 范围内不得有人员走动或进行其他作业。

11. 进行拌和灰土、粉化石灰和石灰过筛时,施工人员必须戴口罩、风镜、手套、套袖等防护用品,并站在上风处操作。

12. 机械传动部分设防护罩以免伤人。

13. 机械维修必须停电作业,配电箱应加锁,否则派专人监控。

14. 雷雨天停止施工,要切断电源。夜间施工,必须有足够的照明设施。

15. 已成的孔尚未填贯灰土时,应加盖板,以免人员或物件掉入孔内。

16. 基坑四周应设护栏围挡,具体要求详见《土方开挖安全操作规程》并设上下基坑的防滑马道。

17. 人工洛阳铲施工时,每个人都应有最小工作面,做到无妨碍无碰撞施工。

18. 在向坑内投放水泥过程中,应用小车或滑道垂直运输工具运输,禁止直接投入坑底。

(二)灰土挤密桩施工的准备工作

1. 对施工场地内地下、地上所有障碍物、管道、线缆等进行全部拆除或搬迁。沉管振动对邻近建筑物及厂房仪器、设备有影响时应采取有效的保护措施。

2. 对施工场地进行平整,对机械运行的松软场地进行预压处理,在周围做好有效的排水措施。

3. 向基坑(槽)、管沟内填灰土前,应先检查夯机电线、绝缘是否良好,接地线、开关应符合要求。

(三)灰土挤密桩施工机械

灰土挤密桩施工时,施工机械主要有螺旋钻机、夹杆式夯机、机动洛阳铲。

1. 螺旋钻机的安全技术要点

(1)安装钻孔机前应掌握勘探资料,确认地质条件符合该钻机的要求,并且地下无埋设物,作业范围内无障碍物,施工现场与架空输电线路的安全距离符合规定。

(2)安装钻孔机时,钻机钻架基础应夯实、整平,必要时应铺设枕木或钢板,使钻机保持整机处于水平位置。轮胎式钻机应用长度不小于 4 m 的垫木垫至轮胎离开地面。电动机和控制箱应有良好的接地装置。

(3)钻机的安装和钻头的组装应按照说明书规定进行,应有熟练的专业人员进行。

(4)作业场地距电源变压器或供电主干线距离应在 200 m 以内,启动时电压降不得超过额定电压的 10%。

(5)钻架的吊重中心、钻机的卡孔和护进管中心应在同一垂直线上,钻杆中心允许偏差为 20 mm。安装前,应检查并确认钻杆及各部件有无变形;安装后钻杆与动力头的中心线允许偏斜为全长的 1%。

(6)动力头安装前,应先拆下滑轮组,将钢丝绳穿绕好。钢丝绳的选用,应按说明书规定的要求配备。

(7)安装钻杆时,应从动力头开始,逐节往下安装。不得将所需钻杆长度在地面上全部接好后一次起吊安装。

(8)安装后,电源的频率与控制箱内频率转换开关上的指针应相同,不同时应采用频率转换开关予以转换。

(9)钻头和钻杆连接螺纹应良好,滑扣时不得使用。钻头焊接应牢固,不得有裂纹。

(10)钻机应放置平稳、坚实,汽车式钻孔机应架好支腿,将轮胎支起,并应用自动微调或线锤调整挺杆,使之保持垂直。

(11)启动前应将操纵杆放在空挡位置。启动后,应做空运转试验,检查仪表、温度、音响、制动等各项工作正常方可作业。

(12)作业前重点检查的项目及要求:

① 各部件安装紧固,转动部位和传动带有防护罩,钢丝绳完好,离合器、制动带功能良好;

② 各管路接头密封良好,无漏油、漏气、漏水现象;

③ 电气设备齐全、电路配置完好;

④ 钻机作业范围内无障碍物;

⑤ 卷扬提升机构运转正常,制动可靠,钢丝绳符合规定;

⑥ 钻架钢结构无裂纹损坏、严重锈蚀、开焊、变形。

(13)施工时,当钻机发出报警信号或其他未明响声时应停钻,并将钻杆稍稍提升,待解除报警或排除故障后,方可继续作业。

(14)钻孔中卡钻时,应立即切断电源,停止下钻。未查明原因前不得强行启动。

(15)施钻时,应先将钻杆缓慢放下,使钻头对准孔位,当电流表指针偏向无负荷状态时即可下钻。在钻孔过程中,当电流表超过额定电流时,应放慢下钻速度。

(16)作业中,当需改变钻杆回转方向时,应待钻杆完全停转后再进行。

(17)钻孔时,当机架出现摇晃、移动、偏斜或钻头内发出有节奏的响声时应立即停钻,经处理后方可继续施钻。

(18)扩孔达到要求孔径时,应停止扩削,并拢扩孔刀管,销松数圈,使管内存土全部输送到地面,即可停钻。

(19)作业中停电时,应将各控制器放置零位,切断电源,并及时将钻杆全部从孔内拔出,使钻头接触地面。

(20)钻机运转时,应防止电缆线被缠入钻杆中,必须有专人看护。

(21)作业后,应将钻杆及钻头全部提升至孔外,先清除钻杆和螺旋片上的泥土,再将钻头按下接触地面,各部制动住,操纵杆放到空挡位置,切断电源。

(22)当钻头磨损量达 20 mm 时应予以更换。

(23) 钻孔机移动的道路应平整坚实。必须将钻头提离地面 200 mm,并应固定。

(24)旋转钻孔机下钻、提升时要慢,应密切注视电流表,严禁过载。

(25)严禁用手触摸或清理钻杆、转动及传动装置的泥土。发现紧固部件松动时应立即停机,紧固后方可继续作业。

(26)成孔后,应将孔口加盖保护。

2. 夹杆式夯机的安全技术要点

(1)夯机在作业前应检查夯锤与夯杆焊接有无开焊、裂纹现象。皮带、链轮传动部位必须安装防护罩,传动皮带松紧度合宜,对机械进行试运转,确认正常后方可作业。

(2)液压箱、电气箱应置于安全平坦的地方。所有电力驱动桩工机械应按照有关规定进行接零保护,并在其负荷线首端安装漏电保护器。电机绝缘电阻不得小于 0.5 MΩ, 达不到要求时可进行烘干处理。

(3)作业前应检查桩锤减震器与连接螺栓的紧固性,不得在螺栓松动或缺件的状态下启动。

(4)应检查各传动胶带的松紧度,过松或过紧时应进行调整。胶带防护罩不应破损。

(5)夹持器与振动器连接处的紧固螺栓不得松动。液压缸根部的接头防护罩应齐全。

(6)应检查夹持片的齿形。当齿形磨损超过 4 mm 时,应更换或用堆焊修复。使用前应在夹持片中间放一块 10 ~ 15 mm 厚的铜板进行试夹。试夹中液压缸应无渗漏,系统压力应正常,不得在夹持片之间无钢板时试夹。

(7)夹桩时,不得在夹持器和桩的头部之间留有空隙,并应待压力表显示达到额定值后方可指挥起重机起拔。

(8)在钢丝绳未吊紧后不得松开夹持器。

(9)作业中,当遇液压软管破损、液压操纵箱失灵时或停电(包括熔丝烧断)时,应立即停机,将换向开关放在"中间"位置,并应采取安全措施。

(10)作业中机械移动时,应将电缆线移至机械后方,不得隔机抛扔电缆线,移机时一人持手推行,另两人在两侧协助推行使机身保持平衡,以防倾倒。

(11)机械连续作业时间不应过长,当电动机超过额定温度时应停机降温。

(12)夯实水泥土桩施工中,填料人员不得用脚平整孔口土料。

(13)作业后应切断电源,卷好电缆线,清除机械上泥土,电机部分做好防雨措施。

(14)现场要做到"文明施工",水泥袋应集中堆放。

3. 机动洛阳铲的安全技术要点

(1)机动洛阳铲卷扬机安装应符合《建筑卷扬机安全操作规程》,电流开关应为触电开关,符合《卷扬机操作规程》,严禁使用刀闸。

(2)卷扬机传动部位应安置防护罩,与机体及外部有效地隔离。

(3)卷扬机传动滚筒后部应设挡板防护,避免操作时钢丝绳甩出伤人。

(4)钢丝绳应定期检查,严禁使用不符合标准的钢丝绳,钢丝绳与铲头的连接应符合钢丝绳连接标准。

(5)机动洛阳铲支架必须稳固,对好点位开始工作时,首先应进行试车运转,检查支架的牢固性、刹车制动灵敏度。

(6)操作机动洛阳铲人员必须持证上岗,精神集中工作避免误操作,减少不必要的伤害。

(7)移动洛阳铲时,卷扬机断电,放松卷扬机制动,先机身,再支架,后铲头,顺次移动,铲头应在无卷扬机外力下离地运行,严禁铲头用卷扬机拖拽。

(8)操作洛阳铲工人宜佩戴绝缘手套,维修应由专业人员负责。

三、夯实水泥土桩复合地基施工

(一)夯实水泥土桩复合地基施工时的安全技术规定

1. 夯机维修保养必须断开电源。闸箱带锁者,锁上闸箱,无锁者派人监控。

2. 机械传动部分应设防护罩,以防伤人。

3. 水泥土机械搅拌时,搅拌机棚要封闭,棚顶用瓦楞铁封顶,不得用石棉瓦,操作人员要戴口罩。

4. 往坑内运送水泥要用手推车,禁止从坑口往下掷水泥。

5. 用洛阳铲成孔时,禁止从坑口往下掷洛阳铲,防止洛阳铲铲伤电缆线。

6. 成孔后,孔口应加盖板防护。

7. 粉土机在运行中出现故障,必须进入粉土机内维修时应断电,闸箱上锁并设专人监护,粉土机的传动部位设防护罩。

(二) 夯实水泥土桩复合地基的施工机械

夯实水泥土桩复合地基的施工机械主要有:螺旋钻机、夹杆式夯机、粉土机。螺旋钻机、夹杆式夯机与上述要求相同。

(三)粉土机安全技术要点

1. 作业前,粉土机必须垫平垫稳,保持机身平稳。

2. 作业前,检查飞轮转动方向,皮带松紧度,防护罩安装是否牢固,接地(接零)保护良好,电缆线外皮无破损后方可启动。

3. 作业中,不得向料斗内送入大于规定的砖、石料,防止物料飞出伤人。

4. 作业中,粉料必须均匀、自由落入,不得用手、撬棍等强行送料,严禁将手、铁锹伸进粉料机内。操作人员送料应站在粉土机两侧,不能正对送料口。

5. 作业中,发生故障时应立即切断电源,锁上电闸箱,然后将粉土机筒内的土料清理干净,进行检修。

6. 移动粉土机必须切断电源,电闸箱加锁或派人监护。

7. 每台粉土机,应做到一机一闸,并安装漏电开关。

8. 作业停止前,必须将已送入料斗的土料全部粉完。作业后,切断电源,将机器清理干净。

9. 粉土机电缆线严禁缠绕、扭结以防损坏,电缆线也不能压于粉土机下或埋于土堆,以防机械磨损电缆线外皮和铁锹铲(破铲)断电缆线。

10. 粉土机要经常检查,发现问题及时修理。

第五节　土钉支护与土层锚杆

一、土钉支护施工

(一)土钉支护施工的一般规定

1. 各种设备应处于完好状态,机械设备的运转部位应有安全防护装置。

2. 注浆管路应畅通,防止塞管、堵泵而造成爆管。

3. 电气设备应设接地、接零。电缆、电线应架空。

4. 拟开挖基坑四周地表应进行修整,在开挖过程中基坑四周应设置护栏。

5. 施工机械设备进场后必须经安全检查,经检查合格后方可使用。

6. 施工机械操作人员必须建立机组安全生产责任制并依照相关规定持证上岗,禁止无证人员操作。

7. 土钉支护施工应按施工组织设计制订的方案和顺序进行,要与土方开挖密切配合,开挖一步,支护一步,开挖与支护不能同时在同一作业面上施工,避免发生安全事故。

8. 施工用脚手架搭设由专业架子工负责,搭设完毕后,按相关现行标准要求进行验收。

9. 操作人员在脚手架上作业时,脚手架应满铺脚手板,严禁铺有探头板。

10. 成孔弃土应在指定时间内集中清理,并应避开成孔作业。

11. 向孔内注浆时，注浆罐内应保持一定数量的砂浆，以防止罐体放空，砂浆喷出伤人。

12. 喷射混凝土施工所用工作台架应牢固可靠，并设置安全栏杆。

13. 如施工过程中需混凝土速凝剂等有毒物质时，则应执行有毒物品控制措施，严禁操作人员的皮肤与之直接接触。

（二）土钉支护施工前的准备工作

1. 土钉支护用于基坑开挖时应采取从上到下，分层开挖，分层支护的施工工序。

2. 根据施工组织设计选定的开挖深度开挖，设置土钉，并喷射混凝土面层。上层支护施工未完成，严禁开挖下层。

3. 查明土钉杆设计位置的地下障碍物情况，以及钻孔、排水对邻近建（构）筑物的影响。

4. 施工区域设置临时设施，修建施工便道及排水沟，安装临时水电线路，搭设钻机平台。

5. 成孔机具应根据施工环境和工程地质条件选用。

（三）土钉支护施工的施工机械

土钉支护施工的施工机械主要有螺旋钻机、注浆泵、混凝土喷射机。对螺旋钻机的要求与预制桩基础的要求相同。

1. 注浆泵安全技术要求

(1)使用前，应先接好输送管道，往料斗加注清水，启动浆泵，当输送胶管出水时，应折起胶管，待升到额定压力时停泵，观察各部位有无渗漏现象。

(2)作业前，应先用水、再用浆润滑输送管道后，方可泵送。

(3)料斗加满浆后，应停止振动，待浆从料斗泵送完时，再加新灰浆振动筛料。

(4)泵送过程应注意观察压力表。当压力迅速上升，有堵管现象时应反转泵送 2~3 转，使浆返回料斗，经搅拌后再泵送。

(5)工作间歇时，应先停止送浆，后停止送气，并应防止气嘴被浆堵塞。

(6)作业后，应对泵机和管路系统全部清洗干净。

2. 混凝土喷射机安全技术要求

(1)喷射机应采用干喷作业，应按出厂说明书规定的配合比配料，电源应是符合要求的稳压源，电源、水源、加料设备等均应配套。

(2)管道安装应正确，连接处应紧固密封。当管道通过道路时，应设置在地槽内并加盖保护。

(3)喷射机内部应保持干燥和清洁，加入的干料配合比及潮润程度，应符合喷射机性能要求，不得使用结块的水泥和未经筛选的砂石。

(4)作业前重点检查的项目及要求：

① 安全阀灵敏可靠；

② 电源线无破裂现象，接线牢固；

③ 各部密封件密封良好，对橡胶结合板和旋转板出现的明显沟槽及时修复；

④ 压力表指针在上、下限之间，根据输送距离，调整上限压力的极限值；

⑤ 喷枪水环（包括双水环）的孔眼畅通。

(5)机械操作和喷射操作人员应有联系信号，送风、加料、停料、停风以及发生堵塞时应及时联系，密切配合。

(6) 接通电源后，应首先空车试运转，观察电动机的转向是否符合要求。

(7)使用前应先调好工作压力，相关参数见表 3.3。

表 3.3 混凝土喷射机工作压力相关参数

管 长(m)	工作压力(kPa)	管 长(m)	工作压力(kPa)
20	50 ~ 70	50	120 ~ 130
30	70 ~ 100	60	130 ~ 140
40	100 ~ 120		

(8)在喷嘴前方严禁站人,操作人员应始终站在已喷射过的混凝土支护面以内。

(9)每次开机时,必须先通压缩空气,启动电动机后才能加料。而停机时应先停止加料,然后停止供气,关闭电动机。

(10)操作时,喷嘴离工作面的距离应在 0.8 ~ 1.2 m 左右,以使混凝土黏结最好,回弹率最小为合适。若工作面较大,可采用机械进行喷射作业。

(11) 作业中发生堵管时,应先停止喂料,对堵塞部位进行敲击,迫使物料松散,然后用压缩空气吹通。此时,操作人员应紧握喷嘴,严禁甩动管道伤人。当管道中有压力时不得拆卸管接头。

(12)转移作业面时,供风、供水系统应随之移动,输料软管不得随地拖拉和折弯。

(13)停机时,应先停止加料,然后再关闭电动机和停送压缩空气。

(14)如果连续工作时间较长,则每隔 4 h 也应进行一次清洗,每 8 h 进行一次大清洗。

(15) 作业后,应将仓内和输料软管内的干混合料全部喷出,并应将喷嘴拆下清洗干净,清除机身内外粘附的混凝土料及杂物;同时应清理输料管,并应使密封件处于放松状态。

二、土层锚杆施工

(一)土层锚杆施工的一般规定

1. 锚杆钻机应安设安全可靠的反力装置,再由地下承压水地层中钻进,孔口应安设可靠的防喷装置,以便突然发生漏水涌砂时能及时封住孔口。

2. 锚杆的连接应牢固,以防在张拉时发生脱扣现象。

3. 张拉设备应检验可靠,并有防范措施,防止夹具飞出伤人。

4. 注浆管路应畅通,防止塞管、堵泵,造成爆管。

5. 检查锚杆锚固力时必须注意的事项:

(1)拉力计必须牢固、可靠;

(2)拉拔锚杆时,拉力计前方或下方严禁站人;

(3)锚杆杆端一旦出现颈缩时应及时卸荷。

6. 水胀锚杆安装时应注意的事项:

(1)高压泵应设置防护罩,锚杆安装完毕,应将其搬到安全无淋水处,防止爆破作业时被砸坏;

(2)搬运高压泵时必须断电,严禁带电搬运;

(3)在高压泵进水阀未关闭,回水阀未打开前,不得撤离安装棒;

(4)安装锚杆时,操作人员应平持安装棒且与锚孔轴线偏离一个角度。

7. 预应力锚杆安装应遵守下列规定:

(1)张拉预应力锚杆前,应对设备全面检查,并牢固安装,张拉口、孔口前方严禁站人;

(2)拱部和边墙进行预应力锚杆施工时,其下方严禁作业;

(3)对穿型预应力锚杆施工时应有联络装置,作业中密切联系;

(4)封孔水泥砂浆未达到设计强度的70%时,不得在锚杆端部悬挂重物或碰撞外锚具。

8. 保护施工环境,防止扬尘,要确保作业人员安全,锚喷施工应采用湿喷式或水泥裹砂喷射工艺。

(二)土层锚杆施工的准备工作

1. 施工前应认真对作业区的危石进行检查。查明锚杆设计位置的地下障碍物情况,以及钻孔、排水对邻近建(构)筑物的影响。

2. 在Ⅳ、Ⅴ级围岩中作业应遵守下列规定:

(1)锚杆喷护必须紧跟开挖作业;

(2)施工作业应先喷后锚,喷射混凝土面层不应小于50 mm,喷射作业中应设专人随时观察围岩变化情况;

(3)锚杆施工宜在喷射混凝土终凝后3 h进行。

(三)土层锚杆施工的主要机械

土层锚杆施工的主要机械有螺旋钻孔机、灰浆泵、灰浆搅拌机。螺旋钻孔机的安全技术要求与上节要求相同。

1. 灰浆泵安全技术要点

(1)使用前,应先接好输送管道,往料斗加注清水,启动灰浆泵,当输送胶管出水时应折起胶管,待升到额定压力时停泵,观察各部位有无渗漏现象。

(2)作业前,应先用水、再用白灰膏润滑管道后,方可加入灰浆,开始泵送。

(3)料斗加满灰浆后,应停止振动,待灰浆从料斗泵送完时再加新灰浆振动筛料。

(4)泵送过程应注意观察压力表。当压力迅速上升,有堵管现象时,应反转泵送2~3转,使灰浆返回料斗,经搅拌后再泵送。当多次正反泵仍不能畅通时,应停机检查,排除堵塞。

(5)工作间歇时,应先停止送灰,后停止送气,并应防止气嘴被灰堵塞。

(6)作业后,应对泵机和管路系统全部清洗干净。

2. 灰浆搅拌机安全技术要点

(1)固定式搅拌机应有牢靠的基础,移动式搅拌机应采用方木或撑架固定,并保持水平。在建筑物附近安装应搭设防砸、防雨棚。

(2)作业前应检查并确认传动机构、工作装置、防护装置等牢固可靠,三角胶带松紧度适当,搅拌叶片和筒壁间隙在3~5 mm之间,搅拌轴两端密封良好。

(3)作业前检查电气设备、漏电保护器是否可靠接零或接地;传动部分、安全防护装置是否齐全有效,确认无异常后方可试运转。

(4)启动后,应先空运转,检查搅拌叶旋转方向正确时,方可加料加水,进行搅拌作业。加入的沙子应先过筛。

(5)运转中,严禁用手或木棒等伸进搅拌筒内,或在筒口清理灰浆。

(6)作业中,当发生故障不能继续搅拌时,应立即切断电源,将筒内灰浆倒出,排除故障后方可使用。

(7)固定式搅拌机的上料斗应能在轨道上移动。料斗提升时严禁斗下有人。

(8)作业后,必须切断电源,拔去电源插头,并用水将机械内外砂浆和积水清洗干净(清洗时严禁电气设备进水),方可离开。

第六节　预制桩基础

一、打入式钢筋混凝土预制桩

(一) 打入式钢筋混凝土预制桩施工的一般规定

1. 在软土层启动桩锤时，应先关闭油门冷打，待每次贯入度小于 100 mm 时，再开启油门启动桩锤，不得在桩锤下沉或贯入度较大时给油启动。

2. 桩机施工场地坡度按规定一般不大于 1%，地基承载力不小于 83 kPa。

3. 在施工全过程中，严格执行打桩机械的安全操作规程，防止机械及人身安全事故的发生。

4. 振动或锤击沉桩机、冲击机操作时，应安放平稳，防止突然倾倒或锤头突然下落，造成人员伤亡或设备损坏。

5. 在锤击过程中，起落架可缓慢下降，但不得低于上汽缸口以上 2 m。

6. 作业中，水套的水由于冷却蒸发而低于下汽缸口及排汽口时，应及时补充。严禁在无水情况下作业。

7. 桩机行走时，必须有专人指挥，在坡道上行走时应将桩机重心移在坡道上方，坡度不得大于 5°。

(二) 打入式钢筋混凝土预制桩施工的准备工作

1. 建筑场地地面上所有障碍物和地下管线、电缆、基础等均应全部拆除或搬迁。对场地平整压实，保证桩机正常行走和施工，周围做好有效的排水措施。

2. 桩机振动对邻近建筑物及厂房内仪器设备有影响时要采取有效保护措施。

3. 竖立桩机导杆前，应对各连接件进行检查，轨道式的要夹紧轨钳，制动住行走及回转机构，导杆两侧及前端必须系好缆风绳。

4. 检查起落架的工作情况并加以润滑，启动钩与上活塞接触线应在 5 ~ 10 mm 之间。

5. 检查导板磨损间隙，如超过 7 ~ 10 mm 时应更换。

6. 检查各螺栓是否紧固，特别是导板的固定螺栓，不得在松动及缺件的情况下作业。

(三) 打入式钢筋混凝土预制桩施工机械的一般规定

打入式钢筋混凝土预制桩施工主要使用的施工机械及工具有柴油打桩机、起重机、电焊机、气割工具，对其一般规定如下：

1. 焊接操作及配合人员必须按规定穿戴劳动保护用品，并采取防止触电、高空坠落、瓦斯中毒和火灾等事故的安全措施。

2. 现场使用的电焊机，应设有防雨、防潮、防晒的机棚，并应设相应的消防器材。

3. 施焊现场 10 m 范围内，不得堆放油类、木材、氧气瓶、乙炔发生器等易燃、易爆物品。

4. 电焊钳握柄必须绝缘良好。操作人员不得用胳膊夹持电焊钳。

5. 高空焊接或切割时必须系好安全带，焊接周围和下方应采取防火措施，并应有专人监护。

(四) 柴油打桩机的安全技术要点

1. 作业前，应打开放气螺塞，排出油路中的空气，并应检查和试验燃油泵，从清扫孔中观察喷油情况;发现不正常时,应予以调整。

2. 对新起用的桩锤,应预先沿上活塞一周浇入 0.5 L 润滑油,并应用油枪对下活塞加注一定量的润滑油。提起桩锤脱出砧座后,其下滑长度不宜超过 200 mm 。超过时应调整桩帽绳扣。

3. 对水冷式桩锤,应将水箱内的水加满。冷却水必须使用软水。冬季应加温水。在桩贯入度较大的软土层启动桩锤时,应先关闭油门冷打,待每击贯入度小于 100 mm 时,再开启油门启动桩锤。

4. 锤击中,上活塞最大起跳高度不得超过出厂说明书规定。目视测定高度宜符合出厂说明书上的目测表或计算公式。当超过规定高度时,应减少油门,控制落距。

5. 当上活塞与启动钩脱离后,应将起落架继续提起,宜使它与上汽缸达到或超过 2 m 的距离。桩锤启动前,应使桩锤、桩帽和桩在同一轴线上,不得偏心打桩。

6. 当上活塞下落而柴油锤未燃爆时,上活塞可发生短时间的起伏,此时起落架不得落下,应防撞击碰块。

7. 打桩过程,应有人负责拉好曲臂上的控制绳;在意外情况下,可使用控制绳紧急停锤。桩帽中的填料不得偏斜,作业中应保证锤击桩帽中心。

8. 作业中,当水箱的水由于蒸发而低于下汽缸吸排气口时,应及时补充,严禁无水作业。

9. 停机后,应将桩锤放到最低位置,盖上汽缸盖和吸排气孔塞子,关闭燃料阀,将操作杆置于停机位置,起落架升至高于桩锤 1 m 处,锁住安全限位装置。

(五)电焊机的安全技术要点

1. 使用前,应检查并确认初、次级线接线正确,输入电压符合电焊机的铭牌规定。接通电源后,严禁接触初级线路的带电部分。

2. 次级抽头连接铜板应压紧,接线柱应有垫圈。合闸前,应详细检查接线螺帽、螺栓及其他部件,并确认完好齐全、无松动或损坏。

3. 多台电焊机集中使用时,应分接在三相电源网络上,使三相负载平衡。多台焊机的接地装置应分别由接地极处引接,不得串联。

4. 移动电焊机时,应切断电源,不得用拖拉电缆的方法移动电焊机。当焊接中突然停电时应立即切断电源。

(六)气割工具安全技术要点

1. 氧气瓶应与其他易燃气瓶、油脂和其他易燃、易爆物品分别存放,且不得同车运输。

2. 氧气瓶应有防震圈和安全帽,不得倒置,不得在强烈阳光下暴晒,不得用行车或吊车吊运氧气瓶。

3. 未安装减压器的氧气瓶严禁使用。

4. 点燃焊割炬时应先开乙炔阀点火,再开氧气阀调整火焰。关闭时,应先关闭乙炔阀再关闭氧气阀。

5. 乙炔软管、氧气软管不得错装。使用时,当氧气软管着火时不得折弯软管断气,应迅速关闭氧气阀门,停止供氧。当乙炔软管着火时,应先关熄炬火,可采用弯折前面一段软管将火熄灭。

6. 不得将橡胶软管背在背上操作。当焊枪内带有乙炔、氧气时不得放在金属管、槽、缸、箱内。

7. 氢氧并用时应先开乙炔气,再开氢气,最后开氧气,再点燃。熄灭时,应先关氧气,再关氢气,最后关乙炔气。

8. 作业后,应卸下减压器,拧上气瓶安全帽,将软管卷起捆好,挂在室内干燥处。

二、预钻孔混凝土打入桩

(一)预钻孔混凝土打入桩施工一般规定

1. 打桩前,应对邻近施工范围内的原有建筑物、地下管线等进行检查,对有影响的工程,应采取有效的加固防护措施或隔离措施,施工时加强观测,以确保安全。

2. 打桩机行走道路必须平整、坚实,松软地段必须压实。场地四周应挖排水沟以利排水,保证机械行走安全。

3. 打(沉)桩前应全面检查机械各部件及润滑情况,钢丝绳是否完好,发现问题及时解决;检查后要进行试运转,严禁带病作业。打(沉)桩机械设备应由专人操作,并经常检查机架部分有无脱杆和螺栓松动,注意机械的运转的情况,加强机械的维护保养,以保证机械的正常使用。

4. 现场操作人员应戴安全帽,高处作业时挂安全带,检修桩机时不得向下乱丢物件。

5. 机械司机在打(沉)桩操作时要集中精力,服从指挥信号,并应经常注意机械运转情况,发现异常情况立即检查处理,以防机械倾倒、倾斜或桩锤不工作时突然下落等事故的发生。

6. 打桩时,必须有足够的照明设施,雷雨天、大风、大雾天应停止打桩作业。

7. 送桩拔出后再下的桩孔,应及时回填或加盖。

(二)预钻孔打入桩施工准备工作

1. 排除桩基范围内的高空、地下、地面障碍物。场地平整压实,保证打桩机械正常行走和施工。雨季施工做好排水措施。

2. 打桩场地附近建筑物有防震要求时应采取防震措施。

3. 检查打桩机设备及起重工具。应铺设水、电管线进行设备安装。

4. 竖立桩机导杆前,应对各连接件进行检查,轨道式的要夹紧轨钳,制动住行走及回转机构,导杆两侧及前端必须系好缆风绳。

5. 检查起落架的工作情况并加以润滑,启动钩与上活塞接触线应在 5~10 mm 之间。

6. 检查各螺栓是否紧固,特别是导板的固定螺栓,不得在松动及缺件的情况下作业。

(三)预钻孔混凝土打入桩施工机械及机具

预钻孔混凝土打入桩施工机械及机具主要有柴油打桩机、转盘钻孔机、电焊机、气割工具。

转盘钻孔机安全技术要点:

1. 安装钻孔机前,应掌握勘探资料,确认地质条件符合该钻机的要求,并且地下无埋设物,作业范围内无障碍物,施工现场与架空输电线路的安全距离符合规定。安装钻孔机时钻机钻架基础应夯实、整平。轮胎式钻机的钻架下应铺设枕木,垫起轮胎,钻机垫起后应保持整机处于水平位置。

2. 钻机的安装和钻头的组装应按照说明书规定进行,竖立或放倒钻架时应由熟练的专业人员进行。钻架的吊重中心,钻机的卡孔和护筒管中心应在同一垂直线上。钻杆中心允许偏差为 20 mm。

3. 钻头和钻杆连接螺纹应良好,滑扣时不得使用。钻头焊接应牢固,不得有裂纹。钻杆连接处应加便于拆卸的厚垫圈。

4. 作业前重点检查的项目及要求:

(1)各部件安装紧固,转动部位和传动带有防护罩,钢丝绳完好,离合器、制动带功能良好;

(2)润滑油符合规定,各管路接头密封良好,无漏油、漏气、漏水现象;

(3)电气设备齐全,电路配置完好;

(4)钻机作业范围内无障碍物。

5. 作业前,应将各部操纵手柄先置于空挡位置,用人力盘动无卡阻,再启动电动机空转运转,确认一切正常后方可作业。

6. 开机时,应先送浆后开钻;停机时,应先停钻后停浆。泥浆泵应有专人看管 ,对泥浆质量和浆面高度应随时测量和调整,保证浓度合适。停钻时,出现漏浆应及时补充。并应随时清除沉淀池中杂物,保持泥浆纯净和循环不中断,防止塌孔和埋钻。开钻时,钻压应轻,转速应慢。在钻进过程中,应根据地质情况和钻进深度选择合适的钻压和钻速,均匀钻进。

7. 变速箱换挡时,应先停机,挂上挡后再开机。加接钻杆时,应使用特制的连接螺栓均匀紧固,保证连接处的密封性,并做好连接处的清洁工作。

8. 钻进中,应随时观察钻机的运转情况,当发生异响、吊索具破损、漏气、漏渣以及其他不正常情况时应立即停机检查,排除故障后方可继续开钻。

9. 提钻、下钻时应轻提轻放。钻机下和井孔周围 2 m 以内及高压胶管下不得站人。严禁钻杆在旋转时提升。发生提钻受阻时,应先设法使钻具活动后再慢慢提升,不得强行提升。如钻进受阻时,应采取缓冲击法解除,并查明原因,采取措施后,方可钻进。钻架、钻台平车、封口平车等的承载部位不得超载。使用空气反循环时,其喷浆口应遮拦,并应固定管端。

10. 钻进进尺达到要求时,应根据钻杆长度换算孔底标高,确认无误后,再把钻头略为提起,降低速度,空转 5 ~ 20 min 后再停钻。停钻时,应先停钻后停风。钻机移位和拆卸时,应按照说明书规定进行,在转移和拆运过程中,应防止碰撞机架。作业后,应对钻机进行清洗和润滑,并应将主要部位遮盖妥当。

三、预制桩(桩锚杆)机械静力压桩

(一)预制桩(桩锚杆)机械静力压桩施工的一般规定

1. 打桩前,应对邻近施工范围内的原有建筑物、地下管线等进行检查,对有影响的工程应采取有效的加固防护措施或隔离措施,施工时加强观测,以确保安全。

2. 打桩机行走道路必须平整、坚实,松软地段必须压实。场地四周应挖排水沟以利排水,保证机械行走安全。

3. 机械司机在施工操作时,听从指挥信号,不得随意离开岗位,应经常注意机械的运转情况,发现异常应立即检查处理。

4. 桩的强度达到设计强度 75% 方可起吊,达到 100% 方可运输和压桩。当桩长在 16 m 内,可用一个吊点起吊,吊点位置应设在距桩端 0. 29 倍桩长处。

5. 吊桩就位时,起吊要慢,并拉紧溜绳,防止桩头冲击桩架,撞坏机身;吊立后要加强检查,发现不安全情况及时处理。

6. 送桩拔出后留下的桩孔,应及时回填或加盖板。压桩作业时应有统一指挥,压桩人员和吊桩人员应密切联系,相互配合。

7. 当压桩机的电动机尚未运行前,不得进行压桩。

8. 硫磺胶泥的原料及制品在运输、储存和使用时应注意防火。熬制胶泥时,操作人员应穿戴防护用品，熬制场地应通风良好，人应在上风操作，严禁水溅入锅内。胶泥浇筑后，上节桩应缓慢放下，防止胶泥飞溅伤人。

9. 机械司机在打(沉)桩操作时，要集中精力，服从指挥信号，并应经常注意机械运转情况，发现异常情况，应立即检查处理，以防机械倾倒、倾斜或桩锤不工作时突然下落等事故的发生。

10. 打桩时，必须有足够的照明设施，雷雨天、大风、大雾天应停止打桩作业。

(二)预制桩(桩锚杆)机械静力压桩施工前的准备工作

1. 排除桩基范围内的高空、地下、地面障碍物。场地内应平整压实，保证压桩机械正常行走和施工。雨季施工应做好排水措施。

2. 应选择和确定压桩机施工顺序及进出路线方案。

3. 检查压桩机设备及起重工具。铺设水、电管线，进行设备安装。

4. 各施工机械应做好安全检查后，可进行施工。

5. 电源在导通时，应检查电源电压并使其保持在额定电压范围内。

6. 安装配重前，应对各紧固件进行检查，在紧固件未拧紧前不得进行配重安装。

7. 作业前应检查并确认各传动机构、齿轮箱，防护罩等是否良好，并进行满载试吊。

8. 作业前应检查并确认起重机起升、变幅机构正常，吊具钢丝绳、制动器等良好。

9. 检查并确认电缆表面无损伤，保护接地电阻符合规定，电源电压正常，旋转方向正常。

10. 应检查并确认润滑油、液压油的油位符合规定，液压系统无渗漏，液压缸动作灵活。

(三)静力压桩机的安全技术要点

1. 压桩机安装地点应按施工要求进行先期处理，平整场地，地面应达到 35 kPa 的平均地基承载力。

2. 冬季清除机上积雪，工作平台应有防滑措施。

3. 压桩作业时，应有统一指挥，压桩人员和吊桩人员应密切联系，相互配合。

4. 当压桩机的电动机尚未正常运行前，不得进行压桩。

5. 起重机吊桩进入夹持机构进行接桩或插桩作业中，应确认在压桩开始前吊钩已安全脱离桩体。

6. 压桩时，应按桩机技术性能表作业，不得超载运行。操作时动作不应过猛，避免冲击。

7. 压桩时非工作人员应离机 10 m 以外。起重机的起重臂下严禁站人。

8. 当桩在压入过程中，夹持机构与桩侧出现打滑时，不得强行操作。找出打滑原因，排除故障后方可继续进行。

9. 作业后，应将控制器放在"零位"，并依次切断各部位电源，锁闭门窗，冬季应放尽各部位积水。

(四)轮胎式起重机的安全技术要点

1. 起重机行驶和工作的场地应保持平坦坚实，并应与沟渠、基坑保持安全距离。

2. 起重机启动前重点检查的项目及要求：

(1)各安全保护装置和指示仪表齐全完好；

(2)钢丝绳及连接部位符合规定；

(3)燃油、润滑油、液压油及冷却水添加充足；

(4)各连接件无松动；

(5)轮胎气压符合规定。

3. 作业中严禁扳动支腿操作阀。调整支腿必须在无载荷时进行，并将起重臂转至正前或正后方可再进行调整。

4. 起重时，当限制器发出警报应立即停止伸臂。起重臂缩回时仰角不宜太小。

5. 汽车式起重机起吊作业时，汽车驾驶室内不得有人，重物不得超越驾驶室上方，且不得在车的前方起吊。

6. 作业中发现起重机倾斜、支腿不稳等异常现象时，应立即使重物下降，落在安全的地方，下降中严禁制动。

7. 重物在空中需要长时间停留时，应将起升卷筒制动锁住，操作人员不得离开操纵室。

8. 作业后，应将起重臂全部缩回放在支架上，再收回支腿。吊钩应用专用钢丝绳挂牢；应将车架尾部两撑杆分别撑在尾部下方的支座内，并用螺母固定；应将阻止机身旋转的销式制动器插入销孔，并将取力器操纵手柄固定在脱开位置，最后还应锁住起重操纵室门。

9. 行驶前，应检查并确认各支腿的收存无松动，轮胎气压应符合规定。不得高速行驶。

10. 行驶时，严禁人员在底盘走台上站立或蹲坐，并不得堆放物件。

(五)载重汽车的安全技术要点

1. 装载物品应捆绑稳固牢靠。轮式机具和筒形物件装运时应采取防止滚动的措施。

2. 不得人货混装。因工作需要搭人时，人不得在货物之间或货物与前车厢板间隙内。严禁攀爬或坐卧在货物上面。

3. 运载易燃、有毒、强腐蚀等危险品时，其装载、包装、遮盖必须符合有关的安全规定，并应备有性能良好、有效期内的灭火器。途中停放应避开火源、火种、居民区、建筑群等，炎热季节应选择阴凉处停放。装卸时严禁火种。除必要的行车人员外，不得搭乘其他人员。严禁混装备用燃油。

4. 装运易燃物资或器材时，车厢底面应垫有减轻货物震动的软垫层。

5. 装载氧气时，车厢板的油污应清除干净，严禁混装油料或盛油容器。

第七节　灌注桩基础

一、长螺旋钻孔灌注桩

(一)长螺旋钻孔灌注桩施工时的安全技术规定

长螺旋钻孔灌注桩施工的施工机械主要有螺旋钻孔机、混凝土搅拌机、钢筋加工设备、机动翻斗车、起重机，对其规定如下：

1. 机械传动部分设防护罩以免伤人。

2. 施工前检查钻机是否安装平稳，防止施工中突然倾倒，造成机械、人员伤亡事故。

3. 雷雨天停止施工，切断电源。

4. 已成孔尚未浇筑混凝土时，应用盖板盖好孔口，以防造成伤人事故。

(二)长螺旋钻孔灌注桩施工前的准备工作

1. 施工前应确认场地内无障碍物，钻机塔架距高压输电线距离应符合规范要求。

2. 开钻前检查动力头与钻杆及各部件连接是否牢固，传动部分是否灵活，正常后方可正式开钻。

3. 施工前,应标定搅拌机械的灰浆泵输送量、灰浆输送管到达搅拌机喷浆口的时间和起吊设备提升速度等施工工艺参数,并根据设计要求通过试验确定搅拌桩材料的配合比。

4. 设备开机前应检修、试调,检查桩机运行和输料管畅通情况。

5. 场地应先整平,清除场地内地上地下一切障碍物,场地低洼处应回填并夯实。

二、冲击成孔灌注桩

冲击成孔灌注桩的施工机械主要有冲击钻机、混凝土搅拌机、机动翻斗车、水泵、钢筋加工设备。

(一)冲击成孔灌注桩施工前的施工准备

1. 施工前必须取得场地的地质勘察报告、桩基施工图,编制施工技术方案或措施并经审批。

2. 对施工场地内所有地上障碍物和地下埋设物(如管线、电缆、旧场地、石块、树根等)进行清除,对附近有防震要求的建筑物和危房采取保护措施。

3. 对场地整平,周围设排水设施,对场地中影响施工机械进场的松软土层进行适当碾压处理。

4. 施工临时供水,供电,运输道路及小型临时设施已经修筑,泥浆池及废浆处理池已设置。

(二)冲击钻机的安全技术要点

1. 冲击(钻)成孔机械操作应放平稳,防止冲孔时突然倾倒或冲锤突然下落,造成人员伤亡和设备损坏。

2. 采用泥浆护壁成孔,应根据设备情况、地质条件和孔内情况变化,认真控制泥浆密度、孔内水头高度、护筒埋设深度、钻机垂直度、钻进和提钻速度等,以防塌孔,造成机具塌陷。

3. 冲击锤(钻)操作时,距落锤 6 m 范围内不得有人员走动或进行其他作业,非工作人员不准进入施工区域内。

4. 冲(钻)孔灌注桩在已成孔尚未灌注混凝土前,应用盖板封严,以免掉土或发生人身安全事故。

5. 所有成孔设备,电路要架空设置,不得使用不防水电缆或绝缘层有损伤的电线。

6. 恶劣气候时冲(钻)孔机应停止作业,休息或作业结束时,应切断电源,电闸箱加锁。

7. 混凝土灌注时,装、拆导管人员必须戴安全帽,并注意防止扳手、螺丝等掉入桩孔内;拆卸导管时其上空不得进行其他作业,导管提升后继续浇注混凝土前,必须检查其是否垫稳或挂牢。

8. 冲击钻具应注意必须连接牢固,总重量不得超过钻机或卷扬机使用说明书规定。钢丝绳不得超负荷使用,以免发生意外事故。

9. 下钻时应注意先将钻头垂直吊稳后,再导正下入孔内,不得松刹车,高速下放。提钻时应先缓慢提数米,未遇阻力后,再按正常速度提升;如发现有阻力,应将钻具下放,使钻头转动方向后再提,不得强行提拉。

10. 钻进中,当发现塌孔、偏孔、斜孔时应及时处理。发现缩颈时,应经常提动钻具,修护孔壁,每次冲击时间不宜过长,以防卡钻。

11. 整个成孔过程中,应注意始终保持孔内液面比地下水位高 1.5 ~2.0 m,以液柱的静压和渗压保持孔壁稳定。

（三）混凝土搅拌机的安全技术要点

1. 固定式搅拌机应安装在牢固的台座上。当长期固定时，应埋置地脚螺栓；在短期使用时，应在机座上铺设木枕并找平放稳。

2. 固定式搅拌机的操纵台，应使操作人员能看到各部工作情况。电动搅拌机的操作台应垫上橡胶板或干燥木板。

3. 移动式搅拌机的停放位置应选择平整坚实的场地，周围应有良好的排水沟渠。

4. 对需设置上料斗地坑的搅拌机，其坑口周围应垫高夯实，防止地面水流入坑内。上料轨道的底端支承面应夯实或铺砖，轨道架的后面应采用木料加以支承，应防止作业时轨道变形。

5. 料斗放到最低位置时，在料斗与地面之间应加一层缓冲垫木。

6. 作业前重点检查的项目及要求：

（1）电源电压升降幅度不超过额定值的 5%；

（2）电动机和电器元件的接线应牢固，保护接零或接地电阻应符合规定；

（3）各传动机构、工作装置、制动器等均应紧固可靠，开式齿轮、皮带轮等均有防护罩；

（4）齿轮箱的油质、油量符合规定。

7. 作业前，应先启动搅拌机空载运转。确认搅拌筒或叶片旋转方向与筒体上箭头所示方向一致。对反转出料的搅拌机，应使搅拌筒正、反转运转数分钟，并应无冲击抖动现象和异常噪声。作业前，应进行料斗提升试验，观察并确认离合器、制动器灵活可靠。

8. 进料时，严禁将头或手伸入料斗与机架之间。运转中，严禁用手或工具伸入搅拌筒内扒料、出料。搅拌机作业中，当料斗升起时，严禁任何人在料斗下逗留或通过；当需要在料斗下检修或清理料坑时，应将料斗提升后用铁链或插入销锁住。

9. 作业后，应对搅拌机进行全面清理；当操作人员需进入筒内时必须切断电源或卸下熔断器，锁好开关箱，挂上“禁止合闸”标牌，并应有人在外监护。作业后，应将水泵、放水开关、量水器中的积水排尽。

10. 搅拌机在场内移动或远距离运输时，应将进料斗提升到上止点，用保险铁链或插销锁住。

（四）钢筋加工设备的安全技术要点

1. 接送料的工作台面应和切刀下部保持水平，工作台的长度可根据加工材料长度确定。

2. 启动前，应检查并确认切刀无裂纹，刀架螺栓紧固，防护罩牢靠。启动后，应先空运转，检查各传动部分及轴承部分运转正常后方可作业。

3. 机械未达到正常转速时不得切料。切料时，操作者应站在固定刀片一侧用力压住钢筋，应防止钢筋末端弹出伤人。严禁用两手在刀片两边握住钢筋俯身送料。切断短料时，手和切刀之间的距离应保持在 150 mm 以上，如手握端小于 400 mm 时应采用套管或夹具将钢筋短头压住或夹牢。

4. 运转中，严禁用手直接清除切刀附近的断头和杂物。钢筋摆动周围和切刀周围不得停留非操作人员。当发现机械运转不正常、有异响声或切刀歪斜时，应立即停机检修。作业中，手应持稳切断机，并戴好绝缘手套。

5. 工作台和弯曲机台面应保持水平，作业前应准备好各种芯轴及工具。挡铁轴的直径和强度不得小于被弯曲钢筋的直径和强度。不直的钢筋，不得在弯曲机上弯曲。应检查并确认芯轴、挡铁轴、转盘等无裂纹，防护罩坚固可靠，空载运转正常后方可作业。

6. 作业时,应将钢筋需弯曲一端插入在转盘固定销的间隙内,另一端紧靠机身固定销并用于压紧;应检查机身固定销并确认安放在挡住钢筋的一侧,方可开动。作业中,严禁更换轴芯、销子和变换角以及调速,也不得进行清扫和加油。

7. 对超过机械铭牌规定直径的钢筋严禁进行弯曲。在弯曲未经冷拉或带有锈皮的钢筋时应戴防护镜。转盘换向时应待停稳后进行。

8. 作业后,应及时清除转盘及插入座孔内的铁锈、杂物等。

三、套管成孔混凝土灌注桩

套管成孔混凝土灌注桩施工的施工机械主要有全套管成孔机、柴油打夯机、卷扬机、机动翻斗车、混凝土搅拌机、钢筋加工设备、电焊机及气割设备。

(一) 套管成孔混凝土灌注桩施工安全技术规定

1. 打(沉)管机械应安装平稳牢固,不得因发生倾斜而造成事故。

2. 桩机操作人员应持证上岗,并熟悉机械性能,无关人员严禁进入现场,孔前应有专人指挥工作。

3. 在桩机架上进行高空维护作业时,必须系安全带戴安全帽。

4. 振动沉管时,若用收紧钢丝绳加压,应根据套管沉入深度,随时调整离合器,防止抬起桩架而发生事故,悬挂振动锤的吊钩上必须有防松脱保护装置。当采用锤击沉管时严禁用手扶正桩尖垫料。不得在锤未打到管顶时就起锤或过早刹车。

5. 浇注混凝土时,钻机操作应配合灌注作业,根据孔深、桩长适当配管,应同步拔管拆管,并确保浇注成桩质量。

6. 施工中如遇大风或施工暂停时,应将桩管插入地下嵌固,以免倾倒危及桩机安全。

7. 禁止无关人员进入现场,打沉套管应有专人指挥。

8. 桩机操作人员应了解桩机的性能、构造,并熟悉操作保养方法,方能操作。

(二) 套管成孔混凝土灌注桩施工前的施工准备

1. 对施工场地范围内地下地上障碍物进行排除或处理,平整场地,对影响施工机械行驶的松软地段进行压实。

2. 钻机安装场地应平整、夯实,能承载该机的工作压力;当地基不良时,钻机下应加铺钢板防护。

3. 采用振动沉管时,对附近的建筑物和危房采取必要的防护措施。

(三) 全套管成孔机安全技术要点

1. 安装钻机时,应在专业技术人员指挥下进行。安装人员必须经过培训,熟悉安装工艺及指挥信号,并有保证安全的技术措施。

2. 施工现场设警示标志,禁止无关人员进入现场。

3. 安装钻机前,应掌握勘探资料,确认地质条件符合该钻机的要求,并且地下无埋设物,作业范围内无障碍物,施工现场与架空输电线路的安全距离符合规定。

4. 与钻机相匹配的起重机,应根据成桩时所需的高度和起重量进行选择。当钻机与起重机连接时,各个部位的连接均应牢固可靠。钻机与动力装置的液压油管和电缆线应按出厂说明书规定连接。

5. 引入机组的照明电源,应安装低压变压器,电压不应超过 36V。

6. 作业前应进行外观检查并应符合下列要求:

(1)钻机各部分外观良好,各连接螺栓无松动;

(2)燃油、润滑油、冷却水等符合规定,无渗漏现象;

(3)各部钢丝绳无损坏和锈蚀,连接正确;

(4)各卷扬机的离合器、制动器无异常现象,液压装置工作有效;

(5)套管和浇筑管内侧无明显的变形和损伤,未被混凝土黏结。

7. 通过检查确认无误后,方可启动内燃机,并怠速运转逐步加速至额定转速,按照指定的桩位对位,通过试调,使钻机纵横向达到水平、位正,再进行作业。

8. 机组人员应监视各仪表指示数据,倾听运转声响,发现异状或异响应立即停机处理。

9. 第一节套管入土后,应随时调整套管的垂直度;当套管入土 5 m 以下时不得强行纠偏。在作业过程中,当发现主机在地面及液压支撑处下沉时应立即停机。在采用 30 mm 厚钢板或路基箱扩大托承面、减小接地应力等措施后方可继续作业。

10. 在套管内挖掘土层,碰到硬土岩时,不得用锤式抓斗冲击硬层,应采用十字凿锤将硬层有效的凿碎后方可继续挖掘。用锤式抓斗挖掘管内土层时,应在套管上加装保护套接头的喇叭口。

11. 套管在对接时,接头螺栓应按出厂说明书规定的扭矩对称拧紧。接头螺栓拆下时应立即洗净后浸入油中。起吊套管时,应使用专用工具吊装,不得用卡环直接吊在螺纹孔内,亦不得使用其他损坏套管螺纹的起吊方法。

12. 挖掘过程中,应保持套管的摆动。当发现套管不能摆动时,应采用拔出液压缸将套管上提,再用起重机助拔,直至拔起部分套管能摆动为止。打沉套管应有专人指挥。

13. 桩机操作人员应了解桩机性能、构造,并熟悉操作保养方法,方能操作。在桩架上装卸维修机件,进行高空作业时,必须系好安全带。桩机行走时,应先清理地面上的障碍物和挪动电缆。挪动电缆应戴绝缘手套,注意防止电线绝缘磨损漏电。

14. 振动沉管时,若用收紧钢丝绳加压,应根据桩管沉入度,随时调整离合器,防止抬起桩架而发生事故。锤击沉管时,严禁用手扶正桩间垫料。不得在桩锤未打到管顶时就起锤或过早刹车。

15. 浇筑混凝土时,钻机操作和灌注作业密切配合,应根据孔深、桩长适当配管,套管与浇注管应保持同心,在浇注管埋入混凝土 2 ~ 4 m 之间时应同步拔管和拆管,并应确保浇筑成桩质量。

16. 作业后,应就地清除机体、锤式抓斗及套管等外表的混凝土和泥沙,将机架放回行走原位,将机组转移至安全场所。

(四)卷扬机安全技术要点

1. 安装时,基座应平稳牢固,周围排水畅通,地锚设置可靠,并应搭设工作棚。操作人员的位置应能看清指挥人员和拖动或起吊的物件。

2. 作业前,应检查卷扬机与地面的固定,弹性联轴器不得松旷,并应检查安全装置、防护设施、电气线路、接零或接地线、制动装置和钢丝绳等,全部合格后方可使用。

3. 使用皮带或开式齿轮传动的部分,均应设防护罩,导向滑轮不得用开口拉板式滑轮。

4. 钢丝绳应与卷筒及吊笼连接牢固,不得与机身或地面摩擦,通过道路时应设过路保护装置。

5. 在卷扬机制动操作杆的行程范围内不得有障碍物或阻卡现象。

6. 卷筒上的钢丝绳应排列整齐,当重叠或斜绕时应停机重排列,严禁在转动中用手拉脚踩钢丝绳。

7. 作业中，任何人不得跨越正在作业的卷扬钢丝绳。物件提升后，操作人员不得离开卷扬机，物件或吊笼下严禁人员停留或通过。

8. 作业中如发现异响、制动不灵、制动带或轴承等温度剧烈上升等异常情况时，应立即停机检查，排除故障后方可使用。

9. 作业中停电时应切断电源，将提升物件或吊笼降至地面。

10. 作业完毕，应将提升吊笼或物件降至地面，并应切断电源，锁好开关箱。

四、人工挖孔灌注桩

(一)人工挖孔灌注桩施工的安全技术要求

1. 人工挖桩孔的人员必须经过技术与安全操作知识培训，考试合格，持证上岗。

2. 下孔作业前，应排除孔内有害气体，并向孔内输入新鲜空气或氧气。

3. 每日作业前应检查桩孔及施工工具，施工所使用的电气设备必须装有漏电保护装置，提土工具、装土容器应符合轻、柔、软，并有防坠落措施。

4. 挖孔桩施工现场应配有急救用品(氧气等)。遇有异常情况，如塌孔、地下水、黑土层、有害气体等，应立即停止作业，撤离危险区，不得擅自处理，严禁冒险作业。

5. 在孔口应设安全盖板，井四周设护栏。凡下孔作业人员均需戴安全帽、系安全绳，必须从专用爬梯上下，严禁沿孔壁或乘运土设施上下。

6. 直径较大(1.2 m 以上)时，井口应设护筒，下部应设护壁；挖一节，随即浇一节混凝土护壁，以防塌孔，保证操作安全。

7. 吊桶装土不应太满，以免在提升时掉落伤人；同时每挖完一节，应清理桩孔顶部周围松动土方、石块，防止落下伤人。向井内吊放钢筋等材料及施工工具时必须绑紧系牢，防止溜脱发生坠落事件。

8. 人员上下要利用悬挂软绳梯，间歇时不得在井口休息。

9. 每班作业前要打开孔盖进行通风。深度超过 5 m 或遇有黑色土、深色土层时，要进行强制通风。每个施工现场应配备有害气体检测器，发现有毒、有害气体必须采取防范措施。下班(完工) 必须将孔口盖严、盖牢。

10. 在 10 m 深以下作业，应在井下设 100 W 防水带罩灯泡照明，并用 12 V 安全电压。井内一切设备必须接零接地，绝缘良好。20 m 以下作业时，应向井内通风，供给氧气，以防有害气体使人中毒。

11. 挖出的土方应随出随运，暂不运走的应堆放在孔口边 1 m 以外，高度不超过 1 m 。容器装土不得过满，孔口边不准堆放零散杂物，3 m 内不得有机动车辆行驶或停放，严禁任何人向孔内投扔任何物料。

12. 孔内有人作业时，孔上必须有专人监护，并随时与孔内人员保持联系，不得擅自撤离岗位。孔上人员应随时监护孔壁变化及孔底作业情况，发现异常，应立即协助孔内人员撤离，并向领导报告。

13. 加强对孔壁土层漏水情况的观察，如发现流沙、大股流水等异常情况，应及时采取处理措施。

14. 桩孔挖好后，如不能及时浇筑混凝土，或中途停止挖孔时，孔口应予覆盖，防止发生人身事故。

15. 壁浇完后应进行检查,发现有蜂窝、漏水等现象,应及时补强,以防造成事故。

16. 电开关必须集中于井口,并应装设漏电保护器,防止漏电发生触电事故;值班电工必须经常检查,一切电器设备及线路,要加强维护,及时发现问题并进行妥善处理。

17. 井内抽水管线、通风管、电线等必须妥善处理,并临时固定在护壁上,以防吊桶上下时挂住拉断或撞断。

18. 雷雨天停止施工,切断电源。

(二)人工挖孔灌注桩施工前的准备工作

1. 开挖前,应该进行必要的地质调查、场地水文和基坑周边环境勘察。将施工区域内的地上、地下障碍物清除和处理完毕。

2. 对邻近建筑物或构筑物,应根据具体情况采取安全措施,以防止开挖时影响其基础和地基的稳定。

3. 建筑物或构筑物的位置或场地的定位控制线(桩)、水准基点及基槽的灰线尺寸,必须经过检验合格,并办完预检手续。

4. 开挖低于地下水位的桩孔时,应根据当地的地质资料,采取措施降低地下水位,一般要降至低于开挖面的 0.5 m,然后再开挖。

5. 施工前应对施工人员进行安全技术教育,并认真布置现场的安全防护设施,配备施工人员所必需的安全保护用品。

(三)插入式振捣器的安全技术要点

1. 在插入式振动器的电动机电源上,应安装漏电保护装置,接地或接零应安全可靠。

2. 操作人员应经过用电教育,作业时应穿戴绝缘胶鞋和绝缘手套。

3. 电缆线应满足操作所需的长度。电缆线上不得堆压物品或让车辆挤压,严禁用电缆线拖拉或吊持振动器。

4. 使用前,应检查各部并确认连接牢固,旋转方向正确。

5. 振动器不得在初凝的混凝土、地板、脚手架和干硬的地面上进行试振。在检修或作业间断时应断开电源。

6. 作业时,振动棒软管的弯曲半径不得小于 500 mm,并不得多于两个弯,操作时应将振动棒垂直地沉入混凝土中,插入深度不应超过棒长的 3/4,不宜触及钢筋、芯管及预埋件。

7. 振动棒软管不得出现断裂,当软管使用过久使长度增长时应及时修复或更换。

8. 作业停止需移动振动器时,应先关闭电动机,再切断电源。不得用软件软管拖拉电动机。

9. 作业完毕,应将电动机、软管、振动棒清理干净,并应按规定要求进行保养作业。振动器存放不得堆压软管,应平直放好,并应对电动机采取防潮措施。

五、爆扩成孔灌注桩

(一)爆扩成孔灌注桩施工的安全技术要求

1. 爆扩前应根据孔内爆扩的部位、方向、深度及爆破能量,由专业人员设计选择爆破器材及炸药。

2. 爆破的安全距离应符合规定要求。爆破震动对建筑物影响的安全距离、空气冲击波的安全距离、爆破毒气的安全距离等应经计算确定。

3. 装填爆破器应由专业人员进行,装填前应检查爆破器的密封性,不得漏水漏气。装填炸药必须采用木制工具轻轻捣实，雷管安放完毕后，应将雷管的两根导线拧在一起短路，并引出固定的爆破器口外。

4. 在进行控制爆破时，应对爆破体及附近建筑物、构筑物或设施进行防震及防护覆盖，以减弱爆破震动的影响和噪声，防止碎块飞掷。

5. 爆破时一切人员远离孔口，孔深 10 m 以内时应距孔口 50 m，爆破深度小于 20 m 时应将孔口近处工具、设备搬至安全距离以外。

6. 起爆前、起爆时和爆破结束后，均应发出信号，在没有得到爆破结束信号前，任何人不得返回孔口。

7. 爆破器通电后不起爆，应首先检查电源开关及导线，经检查一切良好，确认是爆破器本身问题后，将电源切断并交专人看管，将爆破器慢慢提出孔口，重新捆绑，再次起爆。

8. 爆破后应立即向孔口补充泥浆或清水，以防孔壁坍塌。

9. 清孔后立即浇注混凝土成桩，对留空段应回填素土至孔口，以免跌伤事故。

（二）爆破器材运输时的安全技术要求

1. 在运输爆破器材时，应遵守《中华人民共和国民用爆炸物品管理条例》。

2. 在任何情况下，雷管与炸药必须放置在带盖的容器内分别运送。人力运送时，雷管与炸药不得由一人同时运送；汽车运输时，雷管与炸药必须分别装在二辆车内运送，其间距应相隔 50 m 以上；有轨机动车运输时，雷管与炸药不宜在同一列车上运送，如必须用同一列车运送时，装雷管与炸药的车辆必须用 3 个空车厢隔开。

3. 人力运送爆破器材时必须有专人护送，并应直接送到工地，不得在中途停留；一人一次运送的炸药数量不得超过 20 kg 或原包装一箱。

4. 汽车运送爆破器材时，汽车排气口应加装防火罩，运行中应显示红灯。器材必须由爆破工专人护送，其他人员严禁搭乘。爆破器材的装载高度不得超过车厢边缘，雷管或硝化甘油类炸药的装载不得超过两层。

5. 有轨机动车运送爆破器材时其行驶速度不得超过 2m/s，护送人员与装卸人员只准在尾车内乘坐，其他人员严禁乘车。硝化甘油类炸药或雷管必须放在专用带盖的木质车厢内，车内应铺有胶皮或麻袋并只准堆放一层。

6. 在竖井内运送爆破器材时，应遵守下列规定：

（1）必须事先通知卷扬机司机和井口上下联络人员；

（2）除爆破工和护送人员外，其他人员不得同罐乘坐；

（3）运送硝化甘油类炸药或雷管时，只准放一层，且不得滑动，运送其他炸药时装载高度不得超过罐笼高度的 2/3，并不高于 1. 2 m；

（4）用罐笼运送硝化甘油类炸药或雷管时，其升降速度不得超过 2 m/s，运送其他炸药不得超过 4 m/s，用吊桶运送爆破器材时其速度不得超过 1 m/s；

（5）司机在操纵卷扬机时，不得使罐笼或吊桶发生振动；

（6）运送电雷管时应装入绝缘箱内，切断洞内所有电源，并检查钢丝绳是否带电；

（7）严禁爆破器材在井口房、井底车场或巷道内停放；

（8）在上下班或人员集中的时间内，严禁运输爆破器材。

7. 严禁用翻斗车、自卸汽车、拖车、拖拉机、机动三轮车、人力三轮车、自行车、摩托车和皮带运输机运送爆破器材。

(三)爆扩成孔灌注桩施工前的准备工作

1. 对施工场内输电、通讯线路,地下管线、电缆等进行辅设或清除。

2. 对场地进行整平并压实,周围设排水沟。

3. 对周围危险房屋、精密仪器、设备等采取可靠的防震保护措施。

4. 爆扩作业已向相关部门登记备案,并取得爆扩作业许可证书。

5. 现场应事先进行不少于2个爆扩头成型试验,并取得相关试验参数。

6. 对操作人员进行安全教育培训,各种安全防护设施及个人防护用品配备齐全。

第八节　轻型井点降水、管井井点降水

一、轻型井点降水、管井井点降水施工的安全技术要求

1. 钻机成孔前应确定场地内是否有影响施工安全的地下管线(如电缆、煤气管道等)和架空高压线。

2. 钻机底座应安装平稳坚实,主动钻杆应保持垂直,倾斜率小于1%,以免施工过程中钻机倾斜造成安全事故。

3. 钻机成孔时,钢丝绳与钻锤之间应采用钢丝绳卡连接,并设置自动转向装置,避免由于钻具的转动而绞断钢丝绳造成事故。

4. 对钻机经常使用的电缆要定期检查,接头处必须绑扎牢固,确保不漏水、不漏电。对于经常处于水泥浆浸泡处的线路应架空搭设。挪移钻机时严禁挤压电缆及水管。

5. 进行钻孔时应严格执行有关操作规程,防止塌孔危及操作人员及周围管线和建筑物安全。

6. 成孔后在下过滤管时要确认过滤管及井管是否连接牢固。井口卡器是否可靠,避免造成"溜管"事故而伤及人员及机械。

7. 吊装井管作业时吊装指挥、司机、起重工要密切配合,严格按起重操作规程作业。

8. 潜水泵安装前,应将井口覆盖,以免掉入杂物和行人。

9. 潜水泵放入井中前,应对其绝缘性能、功率、扬程等进行检测,符合设计要求后方可使用。

10. 潜水泵应放在坚固的铁丝编织的筐内,用细钢丝绳吊起放入水中,泵应直立水中,按设计深度放入井内并固定。

11. 潜水泵接通电源后,应先进行试转,并应检查确认旋转方向是否正确。在水外试转时间不得超过5 min,以免烧坏电机。

12. 电缆与电机接头应绝缘,放入水中前应认真检查,避免漏电造成事故。

13. 潜水泵放入或提出水面前应先切断电源,再用钢丝绳提升,严禁提拽电缆或出水管。

14. 降水过程应经常检查孔内水位,避免因水位太低烧坏电机,水位太高造成基坑无法施工。

15. 降水现场应设置备用电源,不得因停电水泵无法工作,造成基坑内水位迅速上升,导致机毁人亡事故。

16. 降水工作停止时间应征得土建设计人员同意,不得因降水工作停止过早,使基坑内水位上升而导致边坡坍塌,基础施工无法进行。

二、轻型井点降水、管井井点降水施工前的准备工作

1. 了解工程性质，明确降水范围、降水深度，达到设计降深的时限要求及工程环境的要求，要准确掌握拟建建（构）筑物及邻近已有建（构）筑物对水位控制的要求。

2. 搜集降水工程场地与相邻地区的水文地质、工程地质、工程勘察等资料及周边工程降水实例。

3. 施工前应先进行降水工程场地踏勘，了解建筑物基础、地下管线、相邻建筑物及配套管线的平面位置、基础结构及埋设方式。做好施工用水、供电、交通、排水及泥浆排放工作。对空中、地下障碍物进行处理或迁移。

三、离心泵的安全技术要点

1. 水泵放置地点应坚实，安装应牢固、平稳，并应有防雨设施。多台水泵的高压软管接头应牢固可靠。数台水泵并列安装时，其扬程宜相同，每台之间应有 0.8 ~ 1.0 m 的距离；串联安装时应有相同的流量。

2. 冬季运转时，应做好管路、泵房的防冻、保温工作。

3. 启动前检查的项目及要求：

(1)电动机与水泵的连接应同心，联轴节的螺栓要紧固，联轴节的转动部分应有防护装置，泵的周围无障碍物；

(2)管路支架牢固，密封可靠，泵体、泵轴、填料和压盖严密，吸水管底阀无堵塞或漏水；

(3)排气阀畅通，进、出水管接头严密不漏，泵轴与泵体之间不漏水。

4. 运转时中发现下列情况，应立即停机检修；

(1)漏水、漏气、填料部分发热；

(2)底阀滤网堵塞，运转声音异常；

(3)电动机温升过高，电流突然增加；

(4)机械零件松动或其他故障。

5. 升降吸水管时，应在有护栏的平台上操作。

6. 运转时严禁人员从机上跨越。

7. 水泵停止作业时，应先关闭压力表，再关闭出水阀，然后切断电源。冬季使用时应将各部位放水阀打开，放净水泵和水管中的积水。

四、深水泵的安全技术要点

1. 深水泵应使用在含砂量低于 0.01% 的清水中，泵房内设预润水箱，容量应满足一次启动所需的预润水量。

2. 新装或经过大修的深水泵，应调整泵壳与叶轮的间隙，叶轮在运转中不得与壳体摩擦。

3. 深井泵在运转前应将清水通入轴与轴承的壳体内进行预润。

4. 深井泵启动前应检查的项目及要求：

(1)底座基础螺栓应紧固；

(2)轴向间隙符合要求，调节螺栓的保险螺母应装好；

(3)填料压盖已旋紧并经过润滑；

(4)电动机轴承应事先润滑；

(5)用手旋转电动机转子和止退机构均应灵活有效。

5. 深井泵不得在无水情况下空转。水泵的一、二级叶轮应浸入水位1 m以下。运转中应经常观察井中水位的变化情况。

6. 运转中,当发现基础周围有较大振动时应检查水泵的轴承或电动机填料处磨损情况;当磨损过多而漏水时应更换新件。

7. 已吸、排过含有泥沙的深井泵,在停泵前应用清水冲洗干净。

8. 停泵前,应先关闭出水阀,切断电源,锁好开关箱。冬季停用时,应放净泵中积水。

复习思考题

1. 在滑坡地段挖方时,应符合哪些要求?
2. 基坑(槽)、管沟回填时,应符合哪些要求?
3. 机械回填的安全技术要点是什么?
4. 重锤夯实、强夯施工前应做哪些准备工作?
5. 振冲碎石桩施工的安全技术要求包括哪些内容?
6. 夯实水泥土桩复合地基施工时的安全技术规定是什么?
7. 长螺旋钻孔灌注桩施工时的安全技术规定是什么?
8. 在竖井内运送爆破器材时,应遵守哪些规定?
9. 轻型井点降水、管井井点降水施工前的准备工作包括哪些内容?

第四章 模板工程的安全技术

第一节　模板工程概述

混凝土结构的模板工程,是混凝土构件成型的一个十分重要的组成部分。现浇混凝土结构用模板工程的造价约占钢筋混凝土工程总造价的30%,总用工量的50%。因此,采用先进的模板技术,对于提高工程质量、加快施工速度、提高劳动生产率、降低工程成本和实现文明施工,都具有十分重要的意义。

现浇混凝土结构所用模板技术已迅速向多样化、体系化方向发展,除木模外,已形成组合式、工具式、永久式三大系列工业化模板体系。

一、模板构成

模板系统包括模板、支架和紧固件三个部分。模板又称模型板,是新浇混凝土成型用的模型。支承模板及承受作用在模板上的荷载的结构(如支柱、桁架等)称为支架。模板及其支架应根据工程结构形式、荷载大小、地基土类别、施工设备和材料供应等条件进行设计。模板及其支架应满足以下要求:

(1)有足够的承载力、刚度和稳定性,能可靠地承受浇筑混凝土的重力、侧压力以及施工荷载;

(2)保证工程结构和构件各部位形状尺寸和相互位置的正确;

(3)构造简单,装拆方便,便于钢筋的绑扎与安装、混凝土的浇筑与养护等工艺要求;

(4)接缝严密,不得漏浆。

二、模板分类

模板按其所用的材料不同分为木模板、钢模板、钢木模板、钢竹模板、胶合板模板、塑料模板、铝合金模板等;按其结构构件的类型不同分为基础模板、柱模板、楼板模板、墙模板、壳模板和烟囱模板等;按其形式不同分为整体式模板、定型模板、工具式模板、滑升模板、胎模等。

三、定型组合钢模板

定型组合钢模板是一种工具式定型模板,由钢模板和配件组成,配件包括连接件和支承件。钢模板通过各种连接件和支承件可组合成多种尺寸、结构和几何形状的模板,以适应各种类型建筑物的梁、柱、板、墙、基础和设备等施工的需要,也可用其拼装成大模板、滑模、隧道模和台模等。施工时可在现场直接组装,亦可预拼装成大块模板或构件模板用起重机吊运安装。定型组合钢模板组装灵活,通用性强,拆装方便;每套钢模可重复使用50~100次;加工精度高，浇筑混凝土的质量好，成型后的混凝土尺寸准确，棱角整齐，表面光滑，可以节省装修用工。

1. 钢模板

钢模板包括平面模板、阴角模板、阳角模板和连接角模。钢模板采用模数制设计，宽度模数以 50 mm 进级（从 100 mm 至 600 mm 十一种规格），长度以 150 mm 进级（从 450 mm 至 1 800 mm七种规格），可以适应横竖拼装成以 50 mm 进级的任何尺寸的模板。

（1）平面模板

平面模板用于基础、墙体、梁、板、柱等各种结构的平面部位，它由面板和肋组成，肋上设有 U 形卡孔和插销孔，利用 U 形卡和 L 形插销等拼装成大块板，如图 4.1（a）所示。

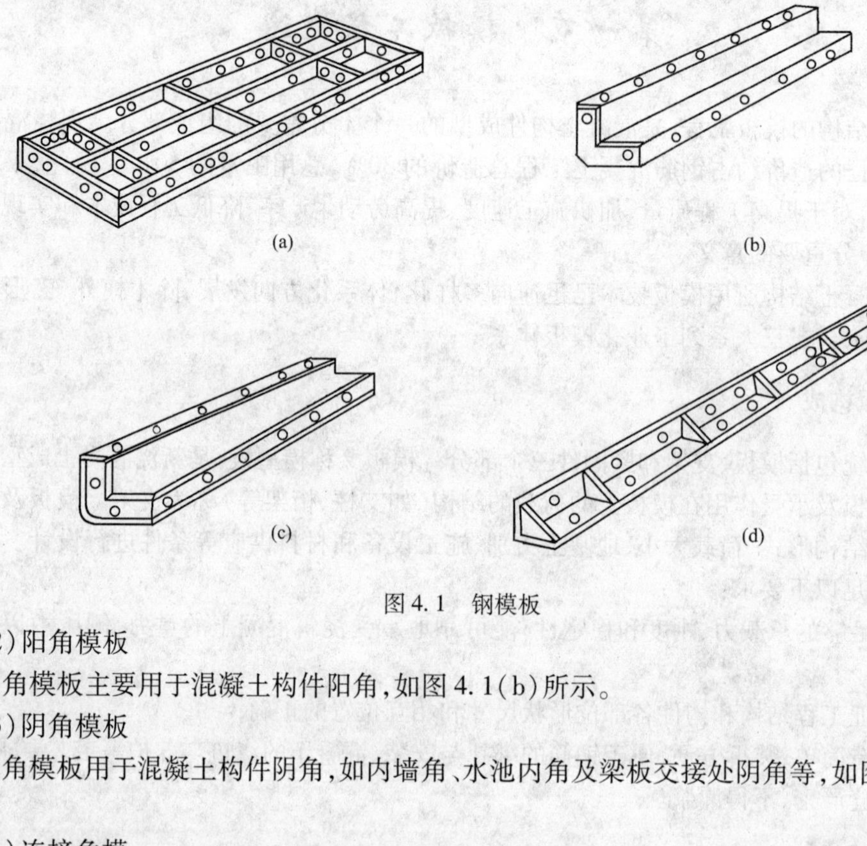

图 4.1　钢模板

（2）阳角模板

阳角模板主要用于混凝土构件阳角，如图 4.1（b）所示。

（3）阴角模板

阴角模板用于混凝土构件阴角，如内墙角、水池内角及梁板交接处阴角等，如图 4.1（c）所示。

（4）连接角模

角模用于平模板作垂直连接构成阳角，如图 4.1（d）所示。

2. 连接件

定型组合钢模板的连接件包括 U 形卡、L 形插销、钩头螺栓、对拉螺栓、紧固螺栓和扣件等，如图 4.2 所示。

（1）U 形卡：模板的主要连接件，用于相邻模板的拼装。

（2）L 形插销：用于插入两块模板纵向连接处的插销孔内，以增强模板纵向接头处的刚度。

（3）钩头螺栓：连接模板与支撑系统的连接件。

（4）紧固螺栓：用于内、外钢楞之间的连接件。

（5）对拉螺栓：又称穿墙螺栓，用于连接墙壁两侧模板，保持墙壁厚度，承受混凝土侧压力及水平荷载，使模板不致变形。

(6)扣件:扣件用于钢楞之间或钢楞与模板之间的扣紧,按钢楞的不同形状,分别采用蝶形扣件和“3”形扣件。

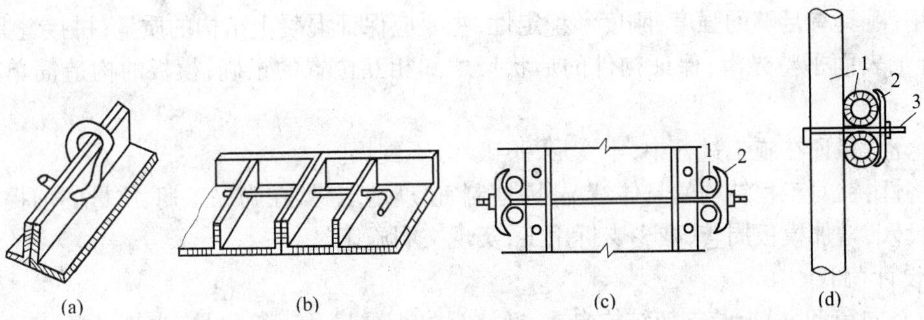

图 4.2　钢模板连接件

(a)U 形卡连接;(b)L 形插销连接;(c)对拉螺栓连接;(d)紧固螺栓连接

1—圆钢管钢楞;2—“3”形扣件;3—钩头螺栓

3. 支承件

定型组合钢模板的支承件包括柱箍、钢楞、支架、斜撑及钢桁架等。

钢楞即模板的横档和竖档,分内钢楞与外钢楞。内钢楞配置方向一般应与钢模板垂直,直接承受钢模板传来的荷载,其间距一般为 700 ~ 900 mm。钢楞一般用圆钢管、矩形钢管、槽钢或内卷边槽钢,而以钢管用得较多。

柱模板四角设角钢柱箍。角钢柱箍由两根互相焊成直角的角钢组成,用弯角螺栓及螺母拉紧。

常用钢管支架由内外两节钢管制成,其高低调节距模数为 100 mm;支架底部除垫板外,均用木楔调整标高,以利于拆卸。另一种钢管支架本身装有调节螺杆,能调节一个孔距的高度,使用方便,但成本略高。当荷载较大、单根支架承载力不足时,可用组合钢支架或钢管井架。还可用扣件式钢管脚手架、门形脚手架作支架。

由组合钢模板拼成的整片墙模或柱模,在吊装就位后,应由斜撑调整和固定其垂直位置。

钢桁架两端可支承在钢筋托具、墙、梁侧模板的横挡以及柱顶梁底横挡上,以支承梁或板的模板。

梁卡具又称梁托架,用于固定矩形梁、圈梁等模板的侧模板,可节约斜撑等材料,也可用于侧模板上口的卡固定位。

4. 定型组合钢模板的配板设计

定型组合钢模板配板设计包括以下内容:

(1)画出各构件的模板展开图。

(2)根据模板展开图绘制模板配板图,选用最适合的各种规格的钢模板布置在模板展开图上。

(3)确定支模方案,进行支撑工具布置。根据结构类型及空间位置、荷载大小等确定支模方案,根据配板图布置支撑。

四、现浇混凝土结构模板的设计

1. 模板设计的内容

模板设计的内容,主要包括选型、选材、配板、荷载计算、结构设计和绘制模板施工图等。

各项设计的内容和详尽程度,可根据工程的具体情况和施工条件确定。

2. 模板设计的原则

实用性:具有足够的强度、刚度和稳定性,主要应保证混凝土结构的质量;拼接缝紧密不漏浆,混凝土表面平整光滑;保证构件的形状尺寸和相互位置的正确;模板的构造简单,支拆方便。

安全性:保证在施工过程中,不变形,不破坏,不倒塌。

经济性:针对工程结构的具体情况,因地制宜,就地取材,在确保工期、质量的前提下,减少一次性投入,增加模板周转,减少支拆用工,实现文明施工。

3. 设计荷载

(1)竖向荷载:模板及支架结构自重;新浇混凝土重量及钢筋重量;浇筑设备、工具及施工人员的荷载;振捣混凝土时产生的荷载;倾倒混凝土的冲击力产生的荷载。

(2)水平荷载:新浇混凝土的侧压力;振捣、卸料及机械平仓产生的水平荷载;风荷载;模板与混凝土的黏结力。

具体设计可参看有关规范,本课程不再赘述。

4. 稳定校核

承重模板及支架结构必须保证在风压或其他水平荷载下的抗倾覆稳定、整体强度及刚度。抗倾覆稳定的倾覆力矩应采用下述三者中的最大值:

(1)风压作用的力矩;

(2)引起结构物重心偏移的力矩(如平仓振捣机、工作平台及混凝土浇筑不对称等发生的力矩);

(3)可能最大水平作用力的力矩。

计算稳定力矩时,模板及支架结构的自重乘以折减系数 0.8。校核抗倾稳定时,稳定安全系数应大于 1.4。

第二节 模板安装与拆除安全技术

拆模的时间,影响混凝土质量和模板使用的周转率。施工规范规定,非承重侧面模板,混凝土强度应达到 2.5 MPa 以上,其表面和棱角不因拆模而损坏时方可拆除。一般需 2 ~ 7 d,夏天 2 ~ 4 d,冬天 5 ~ 7 d。混凝土表面质量要求高的部位,拆模时间宜晚一些。而钢筋混凝土结构的承重模板,要求达到下列规定值(按混凝土设计强度等级的百分率计算)时才能拆模。

1. 悬臂板、梁,当跨度≤2 m,混凝土强度达设计强度的 70%;跨度 >2 m,混凝土强度达设计强度的 100%。

2. 其他梁、板、拱,当跨度≤2 m,混凝土强度达设计强度的 50%;跨度 2 ~ 8 m,混凝土强度达设计强度的 70%;跨度 >8 m,混凝土强度达设计强度的 100%。

对同一浇筑仓的模板,按"先装的后拆,后装的先拆"的原则,按次序、有步骤的进行,不能乱撬。拆模时,应尽量减少对模板的损坏,以提高模板的周转次数。要注意防止大片模板坠落;高处拆组合钢模板时,应使用绳索逐块下放,模板连接件、支撑件及时清理,收检归堆。

一、普通模板安装与拆除安全技术

1. 普通模板安装安全技术要点

(1)模板安装必须按施工方案要求进行,未经工程技术人员批准不得任意变动。

(2)模板安装过程中不得上下交叉作业。上、下楼层均施工时,进出口应采取安全防护措施。

(3)模板及其支撑在安装过程中必须有防倾倒的临时固定设施;对已立好的支撑上端必须进行有效固定,支撑下端应安装水平拉杆。

(4)现浇多层结构在安装上层结构模板及其支撑时,下层结构必须具有承受上层荷载的能力,或下层架设有足够的支撑。上、下层支撑柱应在同一竖向中心线上。支撑柱底的垫板应平整,垫板长度至少应能承受两个以上的支承点,并应确保垫板的强度和稳定性。

(5)支撑柱接长使用时应保证接头的承载力和稳定。

表 4.1 安全技术交底

工程名称:* * * * * * *

<table>
<tr><td colspan="2">施工单位</td><td colspan="2"></td><td>建设单位</td><td></td></tr>
<tr><td colspan="2">分项工程名称</td><td colspan="2">现浇结构模板安装</td><td>作业内容</td><td></td></tr>
<tr><td>交底部门</td><td>项目部安全部</td><td>交底人</td><td colspan="3"></td></tr>
<tr><td colspan="6">接受交底班组或员工:</td></tr>
<tr><td colspan="6">交底内容:
1. 进入施工现场的操作人员必须戴好安全帽,扣好帽带,操作人员严禁穿硬底鞋及有跟鞋作业。
2. 高处和临边洞口作业应设护栏,张安全网,如无可靠防护措施,必须佩带安全带,扣好带扣,高空、复杂结构模板的安全与拆除,事先应有安全措施。
3. 工作前应先检查使用的工具是否牢固,扳手等工具必须用绳链系挂在身上,钉子必须放在工具袋内,以免掉落伤人。工作时要思想集中,防止钉子扎脚和空中滑落。
4. 安装模板时操作人员应有可靠的落脚点。并应站在安全地点进行操作,避免上下在同一垂直面工作。操作人员要主动避让吊物,增强自我保护和相互保护的安全意识。
5. 支模应按规定的作业程序进行,模板未固定前不得进行下一道工序。严禁在连接件和支撑件上攀登上下。
6. 支模时,操作人员不得站在支撑上,而应设操作平台,以便操作人员站立。操作平台应用木质中板为宜,并适当绑扎固定,不得用钢模板或 5 cm × 10 cm 的木板。
7. 支模过程中,如需要中途休息,防止因踏空、扶空而坠落。模板上有预留洞者,应在安装后将洞口盖好,混凝土板上的预留洞,应在模板拆除后即将洞口盖好。
8. 竖向模板和支架的支撑部分,当安装在基土上时应加设垫板,且基土必须坚实并有排水措施。对湿陷性黄土,尚须有防水措施。
9. 模板及其支架在安装过程中,必须设置防倾覆的临时固定设施。
10. 现浇多层房屋,应采取分段支模的方法:
(1)下层楼板应具有承受上层荷载的承载能力或加设支架支撑。
(2)上层支架的立柱应对准下层支架的立柱,并铺设垫板。
11. 当层间高度大于 5 m 时,宜选用多层支架支模,当采用多层支架支模时,支架的横垫板应平整,支柱应垂直,上下层支柱应在同一竖向中心线上。
12. 支设高度在 3 m 以上的柱模板,四周应设斜支撑,并应设立操作平台,低于 3 m 的可用马凳操作。
13. 支撑、牵杠等不得搭在门窗框和脚手架上,通路中间的斜支撑、拉杆等应设在 1.8 m 高度以上。
14. 二人抬运模板时要互相配合,协同工作,传递模板、工具应用索具系牢,采用垂直升降机械运输,不得乱抛。高空拆模时,应有专人指挥。地面应标出警戒区,用绳子和红白旗加以围栏,暂停人员过往。
15. 模板上施工时,堆物不宜过多,且不宜集中在一处。
16. 大模板施工时,大模板必须有防倾措施。封柱子模板时,不准从顶部往下套。
17. 地下室的顶模板及支撑,还另需考虑机械行走、材料运输、堆物等额外载荷的要求,顶撑及模板的排列必须考虑施工荷载的要求。
18. 高空作业要搭设脚手架或操作台,上下要使用梯子,不许站立在墙上工作,不准站在大梁底模上行走。
19. 遇 6 级以上大风时,应暂停室外的高空作业,雪雨后应先清扫施工现场,待地面干燥不滑后再恢复工作。</td></tr>
<tr><td colspan="6">补充作业指导内容:</td></tr>
</table>

(6)支撑柱沿高度方向每2.0 m内应设双向水平拉杆,拉杆端部应与坚固物连接。当无坚固物时,应设剪刀撑,使其能足够承受柱端水平力。

(7)门式钢管脚手架等用作模板支撑时,其搭设安装应遵守相关规范的规定。

(8)模板上的预留空洞应加盖或设防护栏杆。安装边缘部位的模板或悬挑构件的模板时应按规定进行临边防护。

2. 普通模板拆除安全技术要点

(1)模板拆除前应向操作人员进行安全技术交底,并在作业范围设置安全警戒区和悬挂警告牌。拆除时应派专人负责警戒。

(2)模板拆除的顺序和方法,应按施工方案的规定进行。若无具体规定,应先支的后拆,后支的先拆,先拆不承重部分,后拆承重部分,自上而下的原则进行。

(3)拆除支撑柱时,应遵守下列规定:①拆除跨度较大的梁下支撑柱时,应先从跨中开始分别向两端对称进行;②拆除拱、薄壳、大跨度梁式结构时其支撑柱应从结构中心均匀拆除,拆除圆顶、漏斗结构时其支撑柱应从中心按同心圆对称向周边进行,拆除带有拉杆的支撑柱时应先调紧拉杆,在拆除过程中严禁砸动拉杆;③当支撑柱的水平拉杆超过两层时,应先拆除两层以上的水平拉杆,最后一道水平拉杆应和支撑柱同时拆除。

(4)模板及其支撑应随拆随运。拆除的模板及其支撑等应有人接应,妥善传递,并在指定地点按规格堆放整齐。严禁随意抛掷。

(5)已拆除模板的结构,应在混凝土强度达到规定等级后方允许承受全部设计使用荷载。

(6)当施工荷载所产生的效应大于设计使用荷载的效应时,或施工荷载的效应大于混凝土结构实际所能承受的荷载的效应时,必须经过核算,采取加设支撑等措施,并报上级技术部门审批。只有当临时支撑全部加设完成后方准施加施工荷载。

3. 模板施工安全技术交底

模板施工安全技术交底书见表4.1所示。

二、大模板施工安全技术

1. 大模板存放

(1)大模板应按施工组织设计的规定区域堆放,各区之间保持一定距离。存放场地必须平整夯实,不得存放在松土和坑洼不平的地方。

(2)各种类型大模板,应按设计制造。每块大模板应设有操作平台、上下梯道、防护栏杆以及存放小型工具和螺栓的工具箱。出厂前应认真检查,必须符合安全要求。

(3)大模板存放,必须将地脚螺栓提上去,使自稳角成为70°~80°,下部应垫通长方木。长期存放的大模板,应用拉杆连接绑牢。存放在楼层时,须在大模板横梁上挂钢丝绳或花篮螺栓,钩在楼板吊钩或墙体钢筋上。

(4)没有支撑或自稳角不足的大模板,要存放在专用的堆放架内或卧倒平放,不应靠在其他模板或构件上。

(5)外墙壁板、内隔墙板应旋转在金属插放架内,下端垫通长方木,两侧用木楔楔紧。插放架的高度应为构件高度的2/3以上,上面要搭设30 cm宽的走道和上下梯道,便于挂钩。

(6)现场搭设的插放架,立杆埋入地下50 cm,立杆中间要绑扎剪刀撑,上下水平拉杆、支撑和方垫木必须绑扎成整体,稳定牢固。

(7)靠放架一般宜采用金属材料制作,使用前要认真检查和验收。内外墙板靠放时,下端必须压在与靠放架相连的垫木上，只允许靠放同一规格型号的墙板，两面靠放应平衡，吊装时严禁从中间抽吊，防止倾倒。

2. 大模板安装和拆除

(1)安装和拆除大模板，吊车司机与安装人员应经常检查索具，密切配合，做到稳起、稳落、稳就位，防止大模板大幅度摆动，碰撞其他物体，造成倒塌事故。

(2)模板安装和拆除时，指挥、挂钩和安装人员应经常检查吊环，对筒模要预先调整好重心。起吊时应用卡环和安全吊钩，不得斜牵起吊。严禁操作人员随模板起落。

(3)大模板安装时，应先内后外对号就位。单面模板就位后，用钢筋三角支架插入板面螺栓眼上支撑牢固。双面模板就位后，用拉杆和螺栓固定。未就位固定前不得摘钩。

(4)吊装大模板时，如有防止脱钩装置，可吊运同一房间的两块模板，但禁止同时吊运一块以上不同房间的模板。吊运同一房间的两块模板时，大模板须连接牢固，防止脱开和断裂坠落。

(5)有平台的大模板起吊时，平台上禁止存放任何物体。里外角模和临时摘、挂的板面与大模板必须连接牢固，防止脱开和断裂坠落。

(6)分开浇灌纵横墙混凝土时，可在两道横墙的模板平台上搭设临时走道或其他安全措施。禁止操作人员在外墙上行走。

(7)拆模时应先拆穿墙螺栓和铁件等，并使模板面与墙面脱离，方可慢速起吊。

(8)清扫模板和刷隔离剂时，必须将模板支撑牢固，两板中间保持不少于60 cm的走道。

(9)大模板放置时，下面不得压有电线和气焊管线。采用电热法养护混凝土时，必须将模板串联并与避雷网接通，防止漏电。

三、爬升模板施工安全技术

(1)爬升模板施工中使用的设备必须按照施工方案的要求配置。施工中要统一指挥，设置警戒区与通讯设施，做好原始记录。

(2)每爬升一次，均应全数检查一次穿墙螺栓的坚固程度。爬升前必须拆尽模板之间的连接件，爬升完毕后及时重新安装好连接件。

(3)拆除时应随拆随运，严禁抛掷。严禁操作人员站在被拆除的分块模板上。在拆除高耸构筑物爬模时，应设牢固可靠的安全围栏。

(4)安装、爬升和拆除过程中，不得进行交叉作业。每个单元的爬升应在一个工作台班内完成，不宜中途交接班，不得任意中断作业，不允许爬升模板在不安全状态下过夜。

(5)脚手架上不应堆放任何材料。如临时堆放少量材料或机具，必须及时取走，且不得超过设计荷载的规定。

四、滑动模板施工安全技术

1. 滑动模板组装的安全要求

(1)滑动模板工程施工应遵守《液压滑动模板施工安全技术规程》、《液压滑动模板施工技术规范》的规定。

(2)滑动模板组装前，应对各部件的材质、数量进行检查，剔除不合格部件。液压设备安装应进行试车、试压检查。

(3)滑动模板操作平台各部件的焊接质量必须经检验合格，符合设计要求。操作平台及脚手架上的铺板必须严密、防滑、固定可靠,并不得随意挪动。操作平台上的预留洞应设盖板封严。

(4)滑模施工中所使用的垂直运输设备,应有完善可靠的安全保护装置,并按规定进行试验、定期检修保养。

(5)滑动模板开始滑升前应进行全面的安全检查。

(6)模板的滑升应在施工指挥人员的统一指挥下进行,液压操作平台应有持证人员操作。

(7)初滑阶段,必须对滑模装置和混凝土的凝结状态进行检查,发现问题及时纠正。

(8)每作业班应设专人负责检查混凝土出模强度。当出模混凝土发生流淌或局部坍塌现象时应立即停滑并进行相应处理,处理后再继续滑升。

(9)施工指挥人员应严格按施工方案要求控制滑升速度,严禁随意超速滑升。

(10)滑升过程中操作平台应保持基本水平。严格控制结构的偏移和扭转。

(11)滑升过程中,应随时对支撑杆接头、垂直运输机械工作状态进行检查。

2. 滑动模板拆除的安全规定

(1)滑动模板拆除前,必须编制详细的施工方案,明确拆除的内容、方法、程序、使用的机械设备、安全措施及指挥人员的职责等,并报上级部门审批后方可实施。

(2)滑动模板拆除必须组织拆除专业队,制定熟悉该项专业技术的专人负责统一指挥。参加拆除的作业人员必须经过技术培训、考核合格后方可上岗。不能中途随意更换作业人员。拆除前应向所有操作人员进行安全技术交底。

(3)拆除中使用的垂直运输设备和机具,必须经检查合格后方准使用。

(4)滑模装置拆除前应检查各支撑点埋设件牢固情况,以及作业人员上下走道是否安全可靠。

(5)拆除作业必须在白天进行,宜分段整体拆除,在地面解体。拆除的部件及操作平台上的一切物品均不得从高空抛下。

(6)当遇到雷雨、雾、雪或风力达到5级或以上的天气时,不得进行滑模装置的拆除作业。

五、飞模施工安全技术

1. 飞模安装的安全要求

(1)飞模应按画好的位置线吊装就位,就位后应立即将飞模与建筑物进行可靠拉结,且使模板面与模架固定牢固。

(2)飞模就位并做好拉结后应进行调平,调平时各支点应同时进行。飞模外侧应设置防护栏杆,挂安全网,同时设置楼层临时防护。

(3)飞模外推时必须挂好安全绳,有专人掌握。安全绳要慢慢放松,其一端要固定在建筑物的可靠部位上。

(4)飞模每使用一次后,应对连接螺栓逐个进行检查,若有松动应立即拧紧。

(5)起重吊钩与飞模吊环之间,必须采用卡环连接,且每次只允许吊运一个飞模。

(6)应在操作人员全部撤离飞模位置后,方可起吊飞模。并应在作业区的下方地面区域内设置警戒标志或信号。

2. 飞模拆除的安全规定

(1)飞模拆除、转运、翻层，应设专人统一指挥，并应由经过培训的专业小组承担。

(2)拆除前应在飞模尾部捆绑安全绳，安全绳应系于坚固的建筑结构上，随飞模向外移动而徐徐放松。

(3)拆除前应将飞模的重心位置标志在飞模侧面的明显位置上。飞模落下或向外移动时应严格控制飞模的重心不得超过外沿第一滚轮。

六、防止模板工程坍塌的安全技术措施

当前，模板工程凭借其施工工艺简单，施工速度快，劳动强度低，装修的湿作业减少，房屋的整体性好，抗震能力强等优点，被广泛应用于大跨度、大体积的钢筋混凝土的高层、超高层结构的施工中，取得了良好的经济效益。但是由于现场施工中领导和技术人员未很好地落实各级安全生产责任制，没有健全各级安全保障体系，安全防护不严密，未认真执行《建筑施工安全检查标准》(JGJ 59—99)中的有关规定，以至酿成模板工程坍塌的群死群伤的重大恶性事故。

认真贯彻“安全第一，预防为主”的方针，切实加强安全生产的管理，防止模板工程坍塌事故的发生，必须认真落实做好以下安全工作。

1. 认真做好模板工程施工前的准备工作

这是保证模板工程安全施工的先决条件。模板施工前必须进行模板支撑设计，编制切实可行的施工方案。模板支撑设计不仅要有设计计算书，还要有细部构造的大样图，并应详细说明材料规格、尺寸、接头方法、间距纵横向拉杆及剪刀撑设置等细节问题。设计计算书必须由企业工程师职称的工程技术人员编制。模板支撑杆件应满足强度、刚度和稳定性的要求，一般情况，梁模板的支柱间距不宜大于2 m，纵横向水平系杆的上下间距不宜大于1.5 m，纵横向的垂直剪刀撑的间距不宜大于6 m，底层楼盖模板，宜先做好垫层再支模。支撑杆件的材质应能满足杆件的抗压、抗弯强度。规范规定：凡支撑高度超过4 m的杜绝采用木杆支撑，必须采用钢支撑体系，包括钢门架、扣件式钢管架、碗扣式钢管架等。立杆底部应该设木、混凝土、钢板垫块，严禁采用砖垫高。设计计算书必须由企业技术负责人、主任工程师或高级工程师审核并签字负责。施工方案包括模板的制作，安装及拆除等施工程序、方法及安全措施。施工方案必须有较强的针对性，并经上一级技术部门审批合格签字后才可指导施工。

2. 加强和落实模板工程施工中的安全防护

首先，建设单位应加强模板施工队伍的选择，要选择技术过硬的高素质专业性队伍，模板安装拆除工人须经过专门技术培训，熟悉本工种的安全技术操作规程，培训合格颁发上岗证才可进行模板安装拆除操作。施工前技术和安全人员应对工人进行安全技术交底。模板安装操作人员必须严格按模板工程设计书和施工方案进行施工，不得随意更换支撑杆件的材质，减小杆件规格尺寸，如发现设计中存在问题或施工中有困难时，需向工地技术负责人提出并经模板设计审核人员同意才可更改。模板上的施工荷载不得超过设计规定，模板上堆料均匀，在模板上运输混凝土时必须铺设走道板，走道板须铺设牢固。模板安装操作人员还必须严格执行国家标准《建筑施工高处作业安全技术规范》(JGJ 80—91)进行高处模板施工作业。模板安装完毕，必须由项目技术负责人与安全员共同检查验收，监理人员认可签字。

3. 认真做好模板工程拆除的安全工作

模板拆除必须等到混凝土达到设计强度后方可申请拆模，经有关部门验收合格后才可进行拆模。拆模前应清除掉模板上堆放的杂物，在拆除区域设警戒线，张挂安全警戒标志牌，设

专人监护，对工人进行技术交底。按照后装先拆，先拆侧模，后拆底模；先拆非承重部分，后拆承重部分的原则逐一拆除。拆模应彻底，严禁留有未拆除的悬空模板。

总之，模板工程必须严格执行国标有关规定，采取周密可靠的安全技术措施，彻底杜绝模板工程坍塌事故的发生。

复习思考题

1. 简述模板的构成。
2. 模板设计应遵循的原则是什么？
3. 普通模板安装安全技术的要点是什么？
4. 普通模板拆除安全技术的要点是什么？
5. 防止模板工程坍塌的安全技术措施是什么？

第五章

建筑机械使用安全技术

第一节 建筑机械安全使用的一般规定

一、施工机械的安全管理

1. 施工机械安全技术管理

施工企业技术部门应在工程项目开工前编制包括主要施工机械设备安装防护技术的安全技术措施，并报工程项目监理单位审查批准。施工企业应认真贯彻执行经审查批准的安全技术措施。施工项目总承包单位应对分包单位、机械租赁方执行安全技术措施的情况进行监督。分包单位、机械租赁方应接受项目经理部的统一管理，严格履行各自在机械设备安全技术管理方面的职责。

2. 施工机械设备的安装与验收

施工单位对进入施工现场的机械设备的安全装置和操作人员的资质进行审验，不合格的机械和人员不得进入施工现场。大型机械塔吊等设备安装前，施工单位应根据设备租赁方提供的参数进行安装设计架设、经验收合格后的机械设备，可由资质等级合格的设备安装单位组织安装。设备安装单位完成安装工程后，报请当地行政主管部门验收，验收合格后方可办理移交手续；严格执行先验收、后使用的规定。中、小型机械由分包单位组织安装后，施工企业机械管理部门组织验收，验收合格后方可使用。所有机械设备验收资料均由机械管理部门统一保存，并交安全管理部门一份备案。

3. 施工机械管理与定期检查

施工企业应根据机械使用规模，设置机械设备管理部门。机械管理人员应具备一定的专业管理能力，并熟悉掌握机械安全使用的有关规定与标准。机械操作人员应经过专门的技术培训，并按规定取得“安全操作证”后，方可上岗作业；学员或取得学习证的操作人员，必须在持“安全操作证”人员监护下方准上岗。机械管理部门应根据有关安全规程、标准制定项目机械安全管理制度并组织实施。施工企业的机械管理部门应对现场机械设备组织定期检查，发现违章操作行为应立即纠正；对查出的隐患，要落实责任，限期整改。施工企业机械管理部门负责组织落实上级管理部门和政府执法检查时下达的隐患整改指令。

二、施工机械的安全使用

为达到施工机械的安全使用的目的，要做到：①机械上的各种安全防护装置及监测、指示、仪表、报警等自动报警、信号装置应完好齐全，有缺损时应及时修复。安全防护不完整或已失效的机械不得使用。②在机械产生对人体有害的气体、液体、尘埃、渣滓、放射性射线、振动、噪声等场所，必须配置相应的安全保护设备和三废处理装置；在隧道、沉井、桩基基础施工中，应采取措施，使有害物限制在规定的限度内。

三、对操作人员的要求

操作人员应体检合格，无妨碍作业的疾病和生理缺陷，并应按有关规定经过专业培训，考核合格取得岗位证后，持证上岗。学员应在专人指导下进行工作。

操作人员在作业过程中应集中精力正确操作，注意机械工况，不得擅自离开工作岗位或将机械交给其他无证人员操作。严禁无关人员进入作业区或操作室内。

在工作中操作人员和配合作业人员必须按规定穿戴好个人劳动防护用品，长发应束紧不得外露。

现场施工负责人应为机械作业提供道路、水电、机棚或停机场地等必备的条件，并消除对机械作业有妨碍或不安全的因素。夜间作业应设置充足的照明。

第二节　起重吊装机械安全技术

一、起重吊装机械安全基本要求

施工现场起重机械设备的安装(包括在施工现场顶升、锚固、拆卸等，以下同)，必须由具备建设行政主管部门颁发的起重设备安装工程专业承包资质证书的安装单位进行，安装单位应当按照有关规定以及起重机械设备安全技术规范的要求进行安装作业，并对其安装质量负责。

施工现场起重机械设备的安装前，出租方必须向承租方出具设备的出厂合格证、安拆资质证书，并复印件存档，必须根据起重机械设备技术要求、施工现场环境、设备状况以及辅助起重设备条件和有关技术标准制定专项安全施工方案和技术措施，由专业技术人员和专(或兼)职安全员监督实施并对安装作业的安全负责。安装作业前必须对作业人员进行安全技术交底，安装作业中各工序应定人、定岗、定责，定专人统一指挥，应设置警戒区，并设专人监护。

起重机械安装完毕，必须经过安装单位和使用单位共同进行检验验收，未经检验验收或检验验收不合格的不得使用。安装单位应当在投入使用前，将有关安装安全技术资料移交使用单位，并对使用单位进行安全技术交底。使用单位应将其存入施工现场安装管理资料档案。

现场施工负责人应为起重机作业提供足够的工作场地，清除或避开起重臂起落及回转半径内的障碍物。起重机操作人员在作业前必须对工作现场环境、行驶道路、架空电线、建筑物以及构件重量和分布情况进行全面了解。在露天有6级及以上大风或大雨、大雪、大雾等恶劣天气时，应停止起重吊装作业。雨雪过后作业前，应先试吊，确认制动器灵敏可靠后方可进行作业。

各类起重机应装有音响清晰的喇叭、电铃或汽笛等信号装置。在起重臂、吊钩、平衡重等转动体上应标以鲜明的色彩标志。

起重吊装的指挥人员必须持证上岗，作业时应与操作人员密切配合，执行规定的指挥信号。操作人员应按照指挥人员的信号进行作业，当信号不清或错误时，操作人员可拒绝执行。操作人员进行起重机回转、变幅、行走和吊钩升降等动作前，应发出音响信号示意。操纵室远离地面的起重机，在正常指挥发生困难时，地面及作业层(高空)的指挥人员均应采用对讲机等有效的通讯联络进行指挥。

起重机的变幅指示器、力矩限制器、起重量限制器以及各种行程限位开关等安全保护装置应完好齐全、灵敏可靠，不得随意调整或拆除。严禁利用限制器和限位装置代替操纵机构。

起重机作业时，起重臂和重物下方严禁有人停留、工作或通过。重物吊运时，严禁从人上方通过。严禁用起重机载运人员。

操作人员应按规定的起重性能作业，不得超载。在特殊情况下需超载使用时，必须经过验算，有保证安全的技术措施，并写出专题报告，经企业技术负责人批准，有专人在现场监护下，方可作业。严禁使用起重机进行斜拉、斜吊和起吊地下埋设或凝固在地面上的重物以及其他不明重量的物体。现场浇注的混凝土构件或模板，必须全部松动后方可起吊。起吊重物应绑扎平稳、牢固，不得在重物上再堆放或悬挂零星物件。易散落物件应使用吊笼栅栏固定后方可起吊。标有绑扎位置的物件，应按标记绑扎后起吊。吊索与物件的夹角宜采用45°~60°，且不得小于30°，吊索与物件棱角之间应加垫块。起吊载荷达到起重机额定起重量的90%及以上时，应先将重物吊离地面200~500 mm后，检查起重机的稳定性，制动器的可靠性，重物的平稳性，绑扎的牢固性，确认无误后方可继续起吊。对易晃动的重物应拴好拉绳。重物起升和下降速度应平稳、均匀，不得突然制动。左右回转应平稳，当回转未停稳前不得作反向动作。非重力下降式起重机，不得带载自由下降。严禁起吊重物长时间悬挂在空中，作业中遇突发故障，应采取措施将重物降落到安全地方，并关闭发动机或切断电源后进行检修。在突然停电时，应立即把所有控制器按到零位，断开电源总开关，并采取措施使重物降到地面。

起重机不得靠近架空输电线路作业。起重机的任何部位与架空输电导线的安全距离不得小于表5.1的规定。

表5.1 起重机与架空输电导线的安全距离

电压(kV) 安全距离	<1	1~15	20~40	60~110	220
沿垂直方向(m)	1.5	3.0	4.0	5.0	6.0
沿水平方向(m)	1.0	1.5	2.0	4.0	6.0

起重机使用的钢丝绳，应有钢丝绳制造厂签发的产品技术性能和质量的证明文件。当无证明文件时，必须经过试验合格后方可使用。起重机使用的钢丝绳，其结构形式、规格及强度应符合该型起重机使用说明书的要求。钢丝绳与卷筒应连接牢固，放出钢丝绳时，卷筒上应至少保留三圈，收放钢丝绳时应防止钢丝绳打环、扭结、弯折和乱绳，不得使用扭结、变形的钢丝绳。使用编结的钢丝绳，其编结部分在运行中不得通过卷筒和滑轮。钢丝绳采用编结固接时，编结部分的长度不得小于钢丝直径的20倍，并不应小于300 mm，其编结部分应捆扎细钢丝。当采用绳卡固接时，与钢丝直径匹配的绳卡的规格、数量应符合表5.2的规定。最后一个绳卡距绳头的长度不得小于140 mm。绳卡滑鞍(夹板)应在钢丝绳承载时受力的一侧，"U"形螺栓应在钢丝绳的尾端，不得正反交错。绳卡初次固定后，应待钢丝绳受力后再度紧固，并宜拧紧到使两绳直径高度压扁1/3。作业中应经常检查紧固情况。

表5.2 与绳径匹配的绳卡数

钢丝绳直径(mm)	10以下	10~20	21~26	28~36	36~40
最少绳卡数(个)	3	4	5	6	7
绳卡间距(mm)	80	140	160	220	240

每班作业前，应检查钢丝绳及钢丝绳的连接部位。当钢丝绳在一个节距内断丝根数达到

或超过表 5.3 根数时,应予报废。当钢线绳表面锈蚀或磨损使钢丝绳直径显著减少时,应将表 5.3 报废标准按表 5.4 折减,并按折减后的断丝数报废。

表 5.3 钢丝绳报废标准(一个节距内的断丝数)

采用的安全系数	钢丝绳规格					
	6×19+1		6×37+1		6×61+1	
	交互捻	同向捻	交互捻	同向捻	交互捻	同向捻
6 以下	12	6	22	11	36	18
6~7	14	7	26	13	38	19
7 以上	16	8	30	15	40	20

表 5.4 钢丝绳锈蚀或磨损时报废标准的折减系数

钢丝绳表面锈蚀磨损量(%)	10	15	20	25	30~40	大于 40
折减系数	85	75	70	60	50	报废

向转动的卷筒上缠绕钢丝绳时,不得用手拉或脚踩来引导钢丝绳。钢丝绳涂抹润滑脂,必须在停止运转后进行。

起重机的吊钩和吊环严禁补焊。当出现下列情况之一时应更换:

(1) 表面有裂纹、破口;

(2)危险断面及钩颈有永久变形;

(3)挂绳处断面磨损超过高度 10%;

(4)吊钩衬套磨损超过原厚度 50%;

(5)芯轴(销子)磨损超过其直径的 3%~5%。

当起重机制动器的制动鼓表面磨损达 1.5~2.0 mm(小直径取小值,大直径取大值)时,应更换制动鼓,同样,当起重机制动器的制动带磨损超过原厚度 50% 时,应更换制动带。

起重机械设备必须建立起重机械设备安全技术档案,对在用的起重机械设备及时进行日常和定期的维修保养及检验检查。起重机械设备必须经起重机械设备检验检测机构定期进行检验检测。未经定期检验或者经检验不合格的,不得继续使用。

起重机械设备使用前后的安全管理应做到以下几点:

(1)起重机械设备作业人员,要严格执行起重机械设备操作规程和有关安全规章制度。

(2)每班作业前,司机应对制动器、钢丝绳及安全装置等进行检查,发现不正常时应及时排除。

(3)工作结束或暂停作业后,应将所有控制手柄扳至零位,断开主电源,锁好电闸箱。

(4)起重机械的金属结构、轨道等必须做可靠的重复接地,在附近建筑物的防雷保护范围以外的起重机械应按地区雷暴日年平均天数和架体的高度设置防雷装置,避雷针、引下线、接地体连接应符合有关规范的规定,重复接地和防雷接地的接地体可共用。

二、塔式起重机

塔式起重机(简称塔吊)在建筑施工中已经得到广泛的应用,成为建筑安装施工中不可缺少的建筑机械。由于塔吊的起重臂与塔身可相互垂直,故可将塔吊靠近施工的建筑物安装,其有效工作幅度优越于履带、轮胎式起重机。特别是出现高层、超高层建筑后,塔吊的工作高度可达 100 ~ 160 m,更体现其优越性,再加上本身操作方便、变幅简单等特点,塔吊将仍然是今后建筑业垂直运输作业的主导施工机械。

1. 塔式起重机的类型

塔吊的类型由于分类方法不同,可以分为以下几种。

(1)按工作方法分为固定式塔吊和运行式塔吊。

固定式塔吊的塔身不移动,工作范围由塔臂的转动和小车变幅决定,多用于高层建筑、构筑物、高炉安装工程。运行式塔吊可由一个工作点移到另一个工作点,如轨道式塔吊,可以带负荷运行,在建筑群中使用时可以不用拆卸,通过轨道直接开进新的施工地点。固定式或运行式塔吊的采用,可按照工程特点和施工条件选用。

(2)按旋转方式分为上旋式塔吊和下旋式塔吊。

上旋式塔吊的塔身不转动,在塔顶上安装可旋转的起重臂。因塔身不转动,所以塔臂旋转时塔身不受限制,塔身与架体连接结构简单,但由于平衡重在塔吊上部,重心高,不利稳定,另外当建筑物高度超过平衡臂时,塔吊的旋转角度受到限制,给工作造成了一定困难。下旋式塔吊的塔身与起重臂共同旋转,起重臂与塔顶固定,平衡重和旋转支承装置布置在塔身下部。因平衡重及传动机构在起重机下部,所以重心低,稳定焊性好,又因起重臂与塔身一同转动,因此塔身受力变化小。司机室位置高,视线好,安装拆卸也较方便。但旋转支承装置构造复杂。另外因塔身经常旋转,需要较大的空间。

(3)按变幅方法分为动臂变幅塔吊和小车运行变幅塔吊。

动臂变幅塔吊在起重机变换工作半径时是依靠变化起重臂的角度来实现的。其优点是可以充分发挥起重高度,起重臂的结构简单;缺点是吊物不能靠近塔身,作业幅度受到限制,同时变幅时要求空载动作。小车运行变幅,这种起重机的起重臂仰角固定,不能上升、下降,工作半径是依靠起重臂上的载重小车运行来完成的。其优点是载重小车可靠近塔身,作业幅度范围大,变幅迅速,而且可以带负荷变幅;其缺点是起重臂受力复杂。结构制造要求高,起重高度必须低于起重臂固定工作高度,不能调整仰角。

(4)按起重性能分为轻型塔吊、中型塔吊和重型塔吊。

轻型塔吊的起重量在 0.5 ~ 3 t,适用于 5 层以下砖混结构施工。中型塔吊的起重量在 3 ~ 15 t,适用于工业建筑综合吊装和高层建筑施工。重型塔吊,适用于多层工业厂房以及锅炉设备安装。

2. 塔式起重机的基本参数

起重机的基本参数是生产、使用、选择起重机技术性能的依据。基本参数中又有一个或二个参数起主导作用。塔吊目前的基本参数有六项,即起重力矩、起重量、最大起重量、工作幅度、起升高度和轨距,其中起重力矩为主要参数。

(1)起重力矩

起重力矩是衡量塔吊起重能力的主要参数。选用塔吊时,不仅考虑起重量,而且还应考虑工作幅度。

$$起重力矩 = 起重量 \times 工作幅度 \quad (t \cdot m)$$

(2)起重量和最大起重量

起重量是以起重吊钩上所悬挂的索具与重物的重量之和计算(t)。

关于起重量的考虑有两层含义:其一是最大工作幅度时的起重量。其二是最大额定起重量。在选择机型时,应按其说明书使用。因动臂式塔吊的工作幅度有限制范围,所以若以力矩值除以工作幅度,反算所得值并不准确。

(3)工作幅度

工作幅度也称回转半径,是起重吊钩中心到塔吊回转中心线之间的水平距离(m),它是以建筑物尺寸和施工工艺的要求而确定的。

(4)起升高度

起升高度是在最大工作幅度时,吊钩中心线至轨顶面(固定式至地面)的垂直距离(m),该值的确定是以建筑物尺寸和施工工艺的要求而确定的。

(5)轨距

轨距值根据塔吊的整体稳定和经济效果而定(m)。

3. 塔式起重机的工作机构和安全装置

(1)行走机构和行程限位

行走机构由四个行走台车组成,由 7.5 kW 电动机驱动。行走机构没有制动装置,要避免行车引起的震动和倾斜,司机停车采取由高速挡转换到低速挡,再到零位后滑行的方法。行程限位装置一般安装在主动台车内侧,限位装置是一个可以拨动搬把的行程开关,另在轨道的尽端(在塔吊运行限定的位置:设置在轨道端部不小于 3 m 处,且开关挡铁的两端最大距离不得大于电缆长度)安装行走限位器(固定的极限位置挡板),当塔吊向前运行到达限定位置时,极限挡板即拨动行程开关的搬把,切断行走控制电源,当开关再闭合时,塔吊只能向相反方向行走。

(2)起重机构和超高限位,钢丝绳脱槽限位,超载保险装置

起重机构由卷扬机(22 W)、钢丝绳、滑轮组成。如 Qt3-8t 塔吊的起重卷扬机设在司机室下方,起重钢丝绳由卷扬机经操作室的防护管到塔顶绕过塔帽滑轮至起重臂头部滑轮。钢丝绳尾端根据起重绳根数,固定在起重臂头部或吊钩耳板上。

超载保险装置安装在司机室内,下边与浮动卷扬机连杆相连。当吊起重物时,钢丝绳的张力拉着卷扬架上升,托起连杆压缩限位器的弹簧。当达到预先调定的限位时,推动杠杆撞板使限位器动作,切断至控制线路,使卷扬机停车。司机应在起重臂变幅后,及时按吨位标志调整限定起重量值。

按照《起重机械安全规程》(GB 6067—85)的规定,起重力矩小于 250 kN · m 的塔式起重机应装有超载限制器。当荷载达到额定起重量的 90% 时,发出报警信号;当起重量超过额定起重量时,应切断上升方向的电源,机构可做下降方向运动。

钢丝绳脱槽限位安装在塔帽尖端,接近起重钢丝绳滑轮处装一个限位开关,滑轮处压板与钢丝绳之间保持一定间隙。当钢丝绳因故发生跳槽时,顶开杠杆压板,推动限位开关,切断主控制线路卷扬机停车。

高度限位位置安装在起重臂头部,由一杠杆架推动,当吊钩上升到极限时(吊钩架上升高度距定滑轮小于 1 000 mm),托起杠杆架,压下限位开关,切断主控制线路,使卷扬机停车,再合闸时,只能使起重钩先下降,然后才能进行起重作业。

力矩限制器是新近研制的一种电子保护装置。它根据塔吊不同高度的塔身,不同臂长、不同幅度而有不同起重量的特点,以自动显示力矩、回转半径及起重量以满足使用。力矩限制器由秤重传感器、放大器、显示表几部分组成。当塔吊起重绳吊物受拉时,秤重传感器受拉,应变筒弹性变形,而粘在应变筒上的电阻丝应变片也随之变形,使其电阻值发生变化,输出一个不平衡电压,经过放大器放大后,由显示表指示出起重量。

幅度检测采用余弦电位器，余弦电位器旋钮与起重臂同步转动，其输出电压即能表示为起重臂的幅度值。

变幅限制器：小车变幅式塔式起重机当小车行驶至距吊臂端部500 mm处时，应能切断小车运行方向的电源。动臂式塔式起重机，当吊臂上升至62°42′或下降到10°12′时，应切断吊臂方向的电源。

力矩限制器采用比较器电路，将允许起重电压与电子秤输出的实际起重电压相比较，当实际起重电压超出允许起重电压时，比较器翻转，吸合继电器报警，并切断塔吊相关电路，从而使塔吊停车。力矩限制器有指针式和数字式两种，数字式读数方便。

力矩限制器是的综合误差不大于±5%或±8%（电子型±5%，机械型±8%），超过额定值时，力矩限制器应切断吊钩上升和幅度增大方向的电源，但机构可做下降和减小幅度方向的运动；优先选用机械型限制器。

(3)回转机构

起重机旋转部分与固定部分的相对转动，是借助电动机驱动的单独机构来实现的。

Qt3-8t塔吊属于塔帽式（塔身不动，塔臂随塔帽旋转），塔帽顶端由内塔架的竖轴来支承，垂直载荷通过竖轴传递给塔身。塔帽下部连接带内滚道的内齿轮，滚道内由安装在塔架（塔顶）内的8个水平滚轮支承，以承受由荷载及平衡重产生的水平力。

电动机的轴上装有一个锁紧制动装置，主要用于有风的情况，工作时可将起重臂Q锁定在一定位置上，以保证构件准确就位。此装置是待旋转的电动机停止后才使用的，而不能作为刹车机构。

(4)变幅机构与幅度限位装置

变幅机构有两个用途，一是改变起重高度；二是改变吊物的回转半径。Qt3-8t塔吊的变幅机构由装在起重臂头部与塔帽之间的滑轮组和安装在平衡臂上的变幅卷扬机组成，用7.5 kW电动机驱动。

此装置装在塔帽轴的外端架子上，由一活动半圆形盘、抱杆及两个限位开关组成。抱杆与起重臂同时转动，电刷根据不同角度分别接通指示灯触点，将角度位置通过指示灯光信号，传递到操作室指示盘上，根据指示灯信号，可知起重臂的仰角，由此可查出相应起重量。当臂杆变化到两个极限位置时（上、下限时），则分别压下限位开关，切断主控制线路，变幅电动机停车。

4. 塔式起重机的安全操作规程

塔式起重机的轨道基础应符合下列要求：

(1)路基承载能力：轻型（起重量30 kN以下）应为60～100 kPa；中型（起重量31～150 kN）应为101～200 kPa；重型（起重量150 kN以上）应为200 kPa以上。

(2)每间隔6 m应设轨距拉杆一个，轨距允许偏差为公称值的1/1 000，且不超过±3 mm。

(3)在纵横方向上，钢轨顶面的倾斜度不得大于1/1 000。

(4)钢轨接头间隙不得大于4 mm，并应与另一侧轨道接头错开，错开距离不得小于1.5 m，接头处应架在轨枕上，两轨顶高度差不得大于2 mm。

(5)距轨道终端1 m处必须设置缓冲止挡器，其高度不应小于行走轮的半径。在距轨道终端2 m处必须设置限位开关碰块。

(6)鱼尾板连接螺栓应紧固，垫板应固定牢靠。

塔式起重机的混凝土基础应符合下列要求：

(1)混凝土强度等级不低于C35;

(2)基础表面平整度允许偏差为1/1 000;

(3)埋设件的位置、标高和垂直度以及施工工艺符合出厂说明书要求。

起重机的轨道基础两旁、混凝土基础周围应修筑边坡和排水设施,并应与基坑保持一定安全距离。起重机的轨道基础或混凝土基础应验收合格后,方可使用。

起重机的金属结构、轨道及所有电气设备的金属外壳,应有可靠的接地装置,接地电阻不应大于4 Ω。起重机拆装前,应按照出厂有关规定,编制拆装作业方法、质量要求和安全技术措施,经企业技术负责人审批后,作为拆装作业技术方案,并向全体作业人员交底。

拆装作业前的检查项目及应符合的要求:

(1)路基和轨道铺设或混凝土基础应符合技术要求;

(2)对所拆装起重机的各机构、各部位、结构焊缝、重要部位螺栓、销轴、卷扬机构和钢丝绳、吊钩、吊具以及电气设备、线路等进行检查,使隐患排除于拆装作业之前;

(3)对自升塔式起重机顶升液压系统的液压和油管、顶升套架结构、导向轮、顶升撑脚(爬爪)等进行检查,及时处理存在的问题;

(4)对采用旋转塔身法所用的主副地锚架、起落塔身卷扬钢丝绳以及起升机构制动系统等进行检查,确认无误后方可使用;

(5)对拆装人员所使用的工具、安全带、安全帽等进行检查,不合格者立即更换;

(6)检查并确认拆装作业中配备的起重机、运输汽车等辅助机械应状况良好,技术性能应保证拆装作业的需要;

(7)拆装现场电源电压、运输道路、作业场地等应具备拆装作业条件;

(8)安全监督岗的设置及安全技术措施的贯彻落实已达到要求。

起重机的拆装作业应在白天进行。当遇大风、浓雾和雨雪等恶劣天气时,应停止作业。拆装人员在进入工作现场时,应穿戴安全保护用品,高处作业时应系好安全带,熟悉并认真执行拆装工艺和操作规程,当发现异常情况或疑难问题时,应及时向技术负责人反映,不得自行其是,应防止处理不当而造成事故。在拆装上回转、小车变幅的起重臂时,应根据出厂说明书的拆装要求进行,并应保持起重机的平衡。在拆装作业过程中,当遇天气剧变、突然停电、机械故障等意外情况,短时间不能继续作业时,必须使已拆装的部位达到稳定状态并固定牢靠,经检查确认无隐患后,方可停止作业。

安装起重机时,必须将大车行走缓冲止挡器和限位开关碰块安装牢固可靠,并应将各部位的栏杆、平台、扶杆、护圈等安全防护装置装齐。起重机安装过程中,必须分阶段进行技术检验。整机安装完毕后,应进行整机技术检验和调整,各机构动作应正确、平稳,无异响,制动可靠,各安全装置应灵敏有效。在无载荷情况下,塔身和基础平面的垂直度允许偏差为4/1 000,经分阶段及整机检验合格后,应填写检验记录,经技术负责人审查签证后,方可交付使用。

在拆除因损坏或其他原因而不能用正常方法拆卸的起重机时,必须按照技术部门批准的安全拆卸方案进行。

起重机塔身升降时,应符合下列要求:

(1)升降作业过程,必须有专人指挥,专人照看电梯,专人操作液压系统,专人拆装螺栓。非作业人员不得登上顶升套架的操作平台。操纵室内应只准一人操作,必须听从指挥信号。

(2)升降应在白天进行,特殊情况需在夜间作业时,应有充分的照明。

(3)风力在4级及以上时,不得进行升降作业。在作业中风力突然增大达到4级时,必须立即停止，并应紧固上、下塔身各连接螺栓。

(4)顶升前应预先放松电缆，其长度宜大于顶升总高度，并应紧固好电缆卷筒。下降时应适时收紧电缆。

(5)升降时，必须调整好顶升套架滚轮与塔身标准节的间隙，并应按规定使起重臂和平衡臂处于平衡状态，并将回转机构制动住，当回转台与塔身标准节之间的最后一处连接螺栓（销子）拆卸困难时，应将其对角方向的螺栓重新插入，再采取其他措施。不得以旋转起重臂的方法松动螺栓（销子）。

(6)升降时，顶升撑脚（爬爪）就位后，应插上安全销，方可继续下一动作。

(7)升降完毕后，各连接螺栓应按规定扭力紧固，液压操纵杆回到中间位置，并切断液压升降机构电源。

起重机的附着锚固应符合下列要求：

(1)起重机附着的建筑物，其锚固点的受力强度应满足起重机的设计要求。附着杆系的布置方式、相互间距和附着距离等，应按出厂使用说明书规定执行。有变动时，应另行设计。

(2)装设附着框架和附着杆件，应采用经纬仪测量塔身垂直度，并应采用附着杆进行调整，在最高锚固点以下垂直度允许偏差为2/1 000。

(3)在附着框架和附着支座布设时，附着杆倾斜角不得超过10°。

(4)附着框架宜设置在塔身标准节连接处，箍紧塔身。塔架对角处在无斜撑时应加固。

(5)塔身顶升接高到规定锚固间距时，应及时增设与建筑物的锚固装置。塔身高出锚固装置的自由端高度，应符合出厂规定。

(6)起重机作业过程中，应经常检查锚固装置，发现松动或异常情况时，应立即停止作业，故障未排除，不得继续作业。

(7)拆卸起重机时，应随着降落塔身的进程拆卸相应的锚固装置。严禁在落塔之前先拆锚固装置。

(8)遇有6级及以上大风时，严禁安装或拆卸锚固装置。

(9)锚固装置的安装、拆卸、检查和调整，均应有专人负责，工作时应系安全带和戴安全帽，并应遵守高处作业有关安全操作的规定。

(10)轨道式起重机作附着式使用时，应提高轨道基础的承载能力和切断行走机构的电源，并应设置阻挡行走轮移动的支座。

起重机内爬升时应符合下列要求：

(1)内爬升作业应在白天进行。风力在5级及以上时，应停止作业。

(2)内爬升时，应加强机上与机下之间的联系以及上部楼层与下部楼层之间的联系，遇有故障及异常情况，应立即停机检查，故障未排除，不得继续爬升。

(3)内爬升过程中，严禁进行起重机的起升、回转、变幅等各项动作。

(4)起重机爬升到指定楼层后，应立即拔出塔身底座的支承梁或支腿，通过内爬升框架固定在楼板上，并应顶紧导向装置或用楔块塞紧。

(5)内爬升塔式起重机的固定间隔不宜小于3个楼层。

(6)对固定内爬升框架的楼层楼板，在楼板下面应增设支柱作临时加固。搁置起重机底座支承梁的楼层下方两层楼板，也应设置支柱作临时加固。

(7)每次内爬升完毕后，楼板上遗留下来的开孔，应立即采用钢筋混凝土封闭。

(8)起重机完成内爬升作业后，应检查内爬升框架的固定、底座支承梁的紧固以及楼板临时支撑的稳固情况，确认可靠后，方可进行吊装作业。

每月或连续大雨后，应及时对轨道基础进行全面检查，检查内容包括：轨距偏差、钢轨顶面的倾斜度、轨道基础的弹性沉陷、钢轨的不直度及轨道的通过性能等。对混凝土基础，应检查其是否有不均匀的沉降。

应保持起重机上所有安全装置灵敏有效，如发现失灵的安全装置，应及时修复或更换。所有安全装置调整后，应加封（火漆或铅封）固定，严禁擅自调整。配电箱应设置在轨道中部，电源电路中应装设错相及断相保护装置及紧急断电开关，电缆卷筒应灵活有效，不得拖缆。起重机在无线电台、电视台或其他强电磁波发射天线附近施工时，与吊钩接触的作业人员，应戴绝缘手套和穿绝缘鞋，并应在吊钩上挂接临时放电装置。

当同一施工地点有两台以上起重机时，应保持两机间任何接近部位（包括吊重物）距离不得小于 2 m。

起重机作业前，应检查并确认轨道基础平直无沉陷，鱼尾板连接螺栓及道钉无松动，并应清除轨道上的障碍物，松开夹轨器并向上固定好。启动前重点检查的项目应符合下列要求：

（1）金属结构和工作机构的外观情况正常；

（2）各安全装置和各指示仪表齐全完好；

（3）各齿轮箱、液压油箱的油位符合规定；

（4）主要部位连接螺栓无松动；

（5）钢丝绳磨损情况及各滑轮穿绕符合规定；

（6）供电电缆无破损。

送电前，各控制器手柄应在零位。当接通电源时，应采用试电笔检查金属结构部分，确认无漏电后，方可上机。作业前，应进行空载运转，试验各工作机构是否运转正常，有无噪音及异响，各机构的制动器及安全防护装置是否有效，确认正常后方可作业。

起吊重物时，重物和吊具的总重量不得超过起重机相应幅度下规定的起重量。并根据起吊重物和现场情况，选择适当的工作速度，操纵各控制器时应从停止点（零点）开始，依次逐级增加速度，严禁越挡操作。在变换运转方向时，应将控制器手柄扳到零位，待电动机停转后再转向另一方向，不得直接变换运转方向、突然变速或制动。在吊钩提升、起重小车或行走大车运行到限位装置前，均应减速缓行到停止位置，并应与限位装置保持一定距离（吊钩不得小于 1 m，行走轮不得小于 2 m）。严禁采用限位装置作为停止运行的控制开关。提升重物，严禁自由下降。重物就位时，可采用慢就位机构或利用制动器使之缓慢下降。提升重物作水平移动时，应高出其跨越的障碍物 0.5 m 以上。对于无中央集电环及起升机构不安装在回转部分的起重机，在作业时，不得顺一个方向连续回转。当停电或电压下降时，应立即将控制器扳到零位，并切断电源。如吊钩上挂有重物，应稍松稍紧反复使用制动器，使重物缓慢地下降到安全地带。如遇 6 级及以上大风或阵风，应立即停止作业，锁紧夹轨器，将回转机构的制动器完全松开，起重臂应能随风转动。对轻型俯仰变幅起重机，应将起重臂落下并与塔身结构锁紧在一起。

动臂式起重机的起升、回转、行走可同时进行，变幅应单独进行。每次变幅后应对变幅部位进行检查。允许带载变幅的，当载荷达到额定起重量的 90% 及以上时，严禁变幅。

装有上下两套操纵系统的起重机，不得上下同时使用。操作人员临时离开操纵室时，必须切断电源，锁紧夹轨器。

采用涡流制动调速系统的起重机，不得长时间使用低速挡或慢就位速度作业。

起重机载人专用电梯严禁超员，其断绳保护装置必须可靠。当起重机作业时，严禁开动电梯。电梯停用时，应降至塔身底部位置，不得长时间悬在空中。

作业完毕后，起重机应停放在轨道中间位置，起重臂应转到顺风方向，并松开回转制动器，小车及平衡重应置于非工作状态，吊钩宜升到离起重臂顶端 2 ~ 3 m 处。停机时，应将每个控制器拨回零位，依次断开各开关，关闭操纵室门窗，下机后，应锁紧夹轨器，使起重机与轨道固定，断开电源总开关，打开高空指示灯。

在寒冷季节，对停用起重机的电动机、电器柜、变阻器箱、制动器等，应严密遮盖。动臂式和尚未附着的自升式塔式起重机，塔身上不得悬挂标语牌。

三、履带式起重机

履带式起重机应在平坦坚实的地面上作业、行走和停放。在正常作业时，坡度不得大于 3°，并应与沟渠、基坑保持安全距离。

起重机启动前重点检查的项目及应符合的要求：各安全防护装置及各指示仪表齐全完好；钢丝绳及连接部位符合规定；燃油、润滑油、液压油、冷却水等添加充足；各连接件无松动。起重机启动前应将主离合器分离，各操纵杆放在空挡位置，并应按照规程的规定启动内燃机。

内燃机启动后，应检查各仪表指示值，待运转正常再接合主离合器，进行空载运转，顺序检查各工作机构及其制动器，确认正常后，方可作业。作业时，起重臂的最大仰角不得超过出厂规定。当无资料可查时，不得超过 78°。

起重机变幅应缓慢平稳，严禁在起重臂未停稳前变换挡位；起重机载荷达到额定起重量的 90% 及以上时，升降动作应慢速进行，严禁下降起重臂，并严禁同时进行两种及以上动作。

起吊重物时应先稍离地面试吊，当确认重物已挂牢，起重机的稳定性和制动器的可靠性均良好，再继续起吊。在重物升起过程中，操作人员应把脚放在制动踏板上，密切注意起升重物，防止吊钩冒顶。当起重机停止运转而重物仍悬在空中时，即使制动踏板被固定，仍应脚踩在制动踏板上。

采用双机抬吊作业时，应选用起重性能相似的起重机进行。抬吊时应统一指挥，动作应配合协调，载荷应分配合理，单机的起吊载荷不得超过允许载荷的 80%。在吊装过程中，两台起重机的吊钩滑轮组应保持垂直状态。

当起重机如需带载行走时，载荷不得超过允许起重量的 70%，行走道路应坚实平整，重物应在起重机正前方向，重物离地面不得大于 500 mm，并应拴好拉绳，缓慢行驶。严禁长距离带载行驶。

起重机行走时，转弯不应过急，当转弯半径过小时，应分次转弯；当路面凹凸不平时，不得转弯。起重机上下坡道时应无载行走，上坡时应将起重臂仰角适当放小，下坡时应将起重臂仰角适当放大。严禁下坡空挡滑行。

作业后，起重臂应转至顺风方向，并降至 40° ~ 60°之间，吊钩应提升到接近顶端的位置，应关停内燃机，将各操纵杆放在空挡位置，各制动器加保险固定，操纵室和机棚应关门加锁。

起重机转移工地时，应采用平板拖车运送。特殊情况需自行转移时，应卸去配重，拆短起重臂，主动轮应在后面，机身、起重臂、吊钩等必须处于制动位置，并应加保险固定。每行驶 500 ~ 1 000 m 时，应对行走机构进行检查和润滑。起重机通过桥梁、水坝、排水沟等构筑物时，必须先查明允许载荷后再通过。必要时应对构筑物采取加固措施。通过铁路、地下水管、电缆等设施时，应铺设木板保护，并不得在上面转弯。用火车或平板拖车运输起重机时，所用跳板的坡度不得大于15°;起重机装上车后,应将回转、行走、变幅等机构制动,并采用三角木楔楔紧履带两端,再牢固绑扎;后部配重用枕木垫实,不得使吊钩悬空摆动。

四、汽车、轮胎式起重机

汽车、轮胎式起重机行驶和工作的场地应保持平坦坚实,并应与沟渠、基坑保持安全距离。

起重机启动前,应将各操纵杆放在空挡位置,手制动器应锁死,并应按照有关规定启动内燃机。启动后,应怠速运转,检查各仪表指示值,运转正常后接合液压泵,待压力达到规定值,油温超过30 ℃时,方可开始作业。作业前,应全部伸出支腿,并在撑脚板下垫方木,调整机体使回转支承面的倾斜度在无载荷时不大于1/1 000(水准泡居中)。支腿有定位销的必须插上。底盘为弹性悬挂的起重机,放支腿前应先收紧稳定器。

作业中严禁扳动支腿操纵阀。调整支腿必须在无载荷时进行,并将起重臂转至正前或正后方可再行调整。根据所吊重物的重量和提升高度,调整起重臂长度和仰角,并应估计吊索和重物本身的高度,留出适当空间。起重臂伸缩时,应按规定程序进行,在伸臂的同时应相应下降吊钩。当限制器发出警报时,应立即停止伸臂。起重臂缩回时,仰角不宜太小。起重臂伸出后,出现前节臂杆的长度大于后节伸出长度时,必须进行调整,消除不正常情况后,方可作业。起重臂伸出后,或主副臂全部伸出后,变幅时不得小于各长度所规定的仰角。

汽车式起重机起吊作业时,汽车驾驶室内不得有人,重物不得超越驾驶室上方,且不得在车的前方起吊。

采用自由(重力)下降时,载荷不得超过该工况下额定起重量的20%,并应使重物有控制地下降,下降停止前应逐渐减速,不得使用紧急制动。起吊重物达到额定起重量的50%及以上时,应使用低速挡。作业中发现起重机倾斜、支腿不稳等异常现象时,应立即使重物下降落在安全的地方,下降中严禁制动。重物在空中需较长时间停留时,应将起升卷筒制动锁住,操作人员不得离开操纵室。

起吊重物达到额定起重量的90%以上时,严禁同时进行两种及以上的操作动作。

起重机带载回转时,操作应平稳,避免急剧回转或停止,换向应在停稳后进行。

作业后,应将起重臂全部缩回放在支架上,再收回支腿。吊钩应用专用钢丝绳挂牢;应将车架尾部两撑杆分别撑在尾部下方的支座内,并用螺母固定;应将阻止机身旋转的销式制动器插入销孔,并将取力器操纵手柄放在脱开位置,最后应锁住起重操纵室门。

行驶前,应检查确认各支腿的收存无松动,轮胎气压应符合规定。行驶时水温应在80～90 ℃范围内,水温未达到80 ℃时,不得高速行驶。行驶时应保持中速,不得紧急制动,过铁道口或起伏路面时应减速,下坡时严禁空挡滑行,倒车时应有人监护。严禁人员在底盘走台上站立或蹲坐,并不得堆放物件。

五、门式、桥式起重机与电动葫芦

门式、桥式起重机作业前的重点检查项目应符合下列要求:

(1)机械结构外观正常,各连接件无松动。

(2)钢丝绳外表情况良好,绳卡牢固。

(3)各安全限位装置齐全完好。

(4)操作室内应垫木板或绝缘板,接通电源后应采用试电笔测试金属结构部分,确认无漏电方可上机;上、下操纵室应使用专用扶梯。作业前,应进行空载运转,在确认各机构运转正常,制动可靠,各限位开关灵敏有效后,方可作业。

开动前,应先发出音响信号示意,重物提升和下降操作应平稳匀速,在提升大件时不得用快速,并应拴拉绳防止摆动。重物的吊运路线严禁从人上方通过,亦不得从设备上面通过。空车行走时,吊钩应离地面 2 m 以上。吊起重物后应慢速行驶,行驶中不得突然变速或倒退。两台起重机同时作业时,应保持 3 ~5 m 距离。严禁用一台起重机顶推另一台起重机。

起重机行走时,两侧驱动轮应同步,发现偏移应停止作业,调整好后方可继续使用。

作业中,严禁任何人从一台桥式起重机跨越到另一台桥式起重机上去。

操作人员由操纵室进入桥架或进行保养检修时,应有自动断电联锁装置或事先切断电源。

露天作业的门式、桥式起重机,当遇 6 级及以上大风时,应停止作业,并锁紧夹轨器。门式和桥式起重机的主梁挠度超过规定值时,必须修复后方可使用。

作业后,门式起重机应停放在停机线上,用夹轨器锁紧,并将吊钩提升到上部位置;桥式起重机应将小车停放在两条轨道中间,吊钩提升到上部位置。吊钩上不得悬挂重物。应将控制器拨到零位,切断电源,关闭并锁好操纵室门窗。

电动葫芦使用前应检查设备的机械部分和电气部分,钢丝绳、吊钩、限位器等应完好,电气部分应无漏电,接地装置应良好。电动葫芦应设缓冲器,轨道两端应设挡板。作业开始第一次吊重物时,应在吊离地面 100 mm 时停止,检查电动葫芦制动情况,确认完好后方可正式作业。露天作业时,应设防雨棚。电动葫芦严禁超载起吊,起吊时,手不得握在绳索与物体之间,吊物上升时应严防冲撞。起吊物件应捆扎牢固。电动葫芦吊重物行走时,重物离地不宜超过 1.5 m高。工作间歇不得将重物悬挂在空中。电动葫芦作业中发生异味、高温等异常情况,应立即停机检查,排除故障后方可继续使用。电动葫芦在额定载荷制动时,下滑位移量不应大于 80 mm。否则应清除油污或更换制动环。

使用悬挂电缆电气控制开关时,绝缘应良好,滑动应自如,人的站立位置后方应有 2 m 空地并应正确操作电钮。

作业完毕后,应停放在指定位置,吊钩升起,并切断电源,锁好开关箱。

六、卷 扬 机

卷扬机作业前,应检查卷扬机与地面的固定情况,弹性联轴器不得松旷,并应检查安全装置、防护设施、电气线路、接零或接地线、制动装置和钢丝绳等,全部合格后方可使用。使用皮带或开式齿轮传动的部分,均应设防护罩,导向滑轮不得用开口拉板式滑轮。以动力正反转的卷扬机,卷筒旋转方向应与操纵开关上指示的方向一致。钢丝绳应与卷筒及吊笼连接牢固,不得与机架或地面摩擦,通过道路时,应设过路保护装置。在卷扬机制动操作杆的行程范围内,不得有障碍物或阻卡现象。卷筒上的钢丝绳应排列整齐,当重叠或斜绕时,应停机重新排列,严禁在转动中用手拉脚踩钢丝绳。

作业中,任何人不得跨越正在作业的卷扬钢丝绳。物件提升后,操作人员不得离开卷扬机,物件或吊笼下面严禁人员停留或通过。休息时应将物件或吊笼降至地面。如发现异响、制动不灵、制动带或轴承等温度剧烈上升等异常情况时,应立即停机检查,排除故障后方可使用。作业中停电时,应切断电源,将提升物件或吊笼降至地面。

作业完毕,应将提升吊笼或物件降至地面,并应切断电源,锁好开关箱。

第三节　土石方机械安全技术

一、基本要求

作业前,应查明施工场地明、暗设置物(电线、地下电缆、管道、坑道等)的地点及走向,并采用明显记号表示。严禁在离电缆 1 m 距离以内作业。作业中,应随时监视机械各部位的运转及仪表指示值,如发现异常,应立即停机检修。机械运行中,严禁接触转动部位和进行检修。在修理(焊、铆等)工作装置时,应使其降到最低位置,并应在悬空部位垫上垫木。

在施工中遇下列情况之一时应立即停工,待符合作业安全条件时,方可继续施工:

(1)填挖区土体不稳定,有发生坍塌危险时;

(2)气候突变,发生暴雨、水位暴涨或山洪暴发时;

(3)在爆破警戒区内发出爆破信号时;

(4)地面涌水冒泥,出现陷车或因雨发生坡道打滑时;

(5)工作面净空不足以保证安全作业时;

(6)施工标志、防护设施损毁失效时。

配合机械作业的清底、平地、修坡等人员,应在机械回转半径以外工作。当必须在回转半径以内工作时,应停止机械回转并制动好后,方可作业。

挖掘基坑时,当坑底无地下水,坑深在 5 m 以内,且边坡坡度符合表 5.5 规定时,可不加支撑。

表 5.5　边坡坡度比例

土壤性质	在坑沟底挖土	在坑沟上边挖土
粉土砾石土	1 000 500	1 000 750
粉质黏土	1 000 330	1 000 750
黏　　土	1 000 250	1 000 750
干 黄 土	1 000 100	1 000 330

当挖土深度超过 5 m 或发现有地下水以及土质发生特殊变化等情况时,应根据土的实际性能计算其稳定性,再确定边坡坡度。当对石方或冻土进行爆破作业时,所有人员、机具应撤至安全地带或采取安全保护措施。

二、单斗挖掘机

轮胎式挖掘机使用前应支好支腿并保持水平位置,支腿应置于作业面的方向,转向驱动桥应置于作业面的后方。采用液压悬挂装置的挖掘机,应锁住两个悬挂液压缸。履带式挖掘机的驱动轮应置于作业面的后方。平整作业场地时,不得用铲斗进行横扫或用铲斗对地面进行夯实。

挖掘机正铲作业时,除松散土壤外,其最大开挖高度和深度,不应超过机械本身性能规定。在拉铲或反铲作业时,履带距工作面边缘距离应大于 1.0 m,轮胎距工作面边缘距离应大于 1.5 m。

作业前重点检查的项目及要求:

(1)照明、信号及报警装置等齐全有效;

(2)燃油、润滑油、液压油符合规定;

(3)各铰接部分连接可靠;

(4)液压系统无泄漏现象;

(5)轮胎气压符合规定。

启动后,接合动力输出,应先使液压系统从低速到高速空载循环10~20 min,无吸空等不正常噪音,工作有效,并检查各仪表指示值,待运转正常再接合主离合器,进行空载运转,顺序操纵各工作机构并测试各制动器,确认正常后,方可作业。作业时,挖掘机应保持水平位置,将行走机构制动住,并将履带或轮胎楔紧。遇较大的坚硬石块或障碍物时,应待清除后方可开挖,不得用铲斗破碎石块、冻土,或用单边斗齿硬啃。

作业时,应待机身停稳后再挖土,当铲斗未离开工作面时,不得作回转、行走等动作。回转制动时,应使用回转制动器,不得用转向离合器反转制动。各操纵过程应平稳,不宜紧急制动。铲斗升降不得过猛,下降时,不得撞碰车架或履带。斗臂在抬高及回转时,不得碰到洞壁、沟槽侧面或其他物体。当液压缸伸缩将达到极限位时,应动作平稳,不得冲撞极限块。当需制动时,应将变速阀置于低速挡位置。当发现挖掘力突然变化,应停机检查,严禁在未查明原因前擅自调整分配阀压力。

履带式挖掘机作短距离行走时,主动轮应在后面,斗臂应在正前方与履带平行,制动住回转机构,铲斗应离地面1 m。上、下坡道不得超过机械本身允许最大坡度,下坡应慢速行驶。不得在坡道上变速和空挡滑行。当在坡道上行走且内燃机熄火时,应立即制动并楔住履带或轮胎,待重新发动后,方可继续行走。轮胎式挖掘机行驶前,应收回支腿并固定好,监控仪表和报警信号灯应处于正常显示状态。气压表压力应符合规定,工作装置应处于行驶方向的正前方,铲斗应离地面1 m。长距离行驶时,应采用固定销将回转平台锁定,并将回转制动板踩下后锁定。

向运土车辆装土时,宜降低挖铲斗,减小卸落高度,不得偏装或砸坏车厢。在汽车未停稳或铲斗需越过驾驶室而司机未离开前不得装车。

作业后,挖掘机不得停放在高边坡附近和填方区,应停放在坚实、平坦、安全的地带,将铲斗收回平放在地面上,所有操纵杆置于中位,关闭操纵室和机棚。

保养或检修挖掘机时,除检查内燃机运行状态外,必须将内燃机熄火,并将液压系统卸荷,铲斗落地。利用铲斗将底盘顶起进行检修时,应使用垫木将抬起的轮胎垫稳,并用木楔将落地轮胎揳牢,然后将液压系统卸荷,否则严禁进入底盘下工作。

三、推 土 机

推土机作业前重点检查的项目及要求:

(1)各部件无松动、连接良好;

(2)燃油、润滑油、液压油等符合规定;

(3)各系统管路无裂纹或泄漏;

(4)各操纵杆和制动踏板的行程、履带的松紧度或轮胎气压均符合要求。

启动后应检查各仪表指示值,液压系统应工作有效;当运转正常、水温达到55 ℃、机油温度达到45 ℃时,方可全载荷作业。推土机行驶前,严禁有人站在履带或刀片的支架上,机械四周应无障碍物,确认安全后,方可开动。

推土机上、下坡或超过障碍物时应采用低速挡。上坡不得换挡,下坡不得空挡滑行。横向行驶的坡度不得超过10°。当需要在陡坡上推土时,应先进行填挖,使机身保持平衡,方可作业。在上坡途中,当内燃机突然熄灭时,应立即放下铲刀,并锁住制动踏板。在分离主离合器后,方可重新启动内燃机。下坡时,当推土机下行速度大于内燃机传动速度时,转向动作的操纵应与平地行走时操纵的方向相反,此时不得使用制动器。

填沟作业驶近边坡时,铲刀不得越出边缘。后退时,应先换挡,方可提升铲刀进行倒车。

在推土或松土作业中不得超载,不得作有损于铲刀、推土架、松土器等装置的动作,各项操作应缓慢平稳、无液力变矩器装置的推土机,在作业中有超载趋势时,应稍微提升刀片或变换低速挡。

推树时,树干不得倒向推土机及高空架设物。推屋墙或围墙时,其高度不宜超过 2.5 m。严禁推带有钢筋或与地基基础连接的混凝土桩等建筑物。

推土机顶推铲运机作助铲时,应符合下列要求:

(1)进行助铲顶推时,应与铲运机保持同一直线行驶;

(2)铲刀的提升高度应适当,不得触及铲斗的轮胎;

(3)助铲时应均匀用力,不得猛推猛撞,应防止将铲斗后轮胎顶离地面或使铲斗吃土过深;

(4)铲斗满载提升时,应减少推力,待铲斗提高地面后即减速脱离接触;

(5)后退时,应先看清后方情况,当需绕过正后方驶来的铲运机倒向助铲位置时,宜从来车的左侧绕行。

推土机转移行驶时,铲刀距地面宜为 400 mm,不得用高速挡行驶和进行急转弯;不得长距离倒退行驶。

作业完毕后,应将推土机开到平坦安全的地方,落下铲刀,有松土器的,应将松土器爪落下。在坡道上停机时,应将变速杆挂低速挡,接合主离合器,锁住制动踏板,并将履带或轮胎楔住。

停机时,应先降低内燃机转速,变速杆放在空挡,锁紧液力传动的变速杆,分开主离合器,踏下制动踏板并锁紧,待水温降到 75 ℃以下,油温度降到 90 ℃以下时,方可熄火。

在推土机下面检修时,内燃机必须熄火,铲刀应放下或垫稳。

四、拖式铲运机

作业前,应检查钢丝绳、轮胎气压、铲土斗及卸土板回缩弹簧、拖把万向接头、撑架以及各部滑轮等;液压式铲运机铲斗与拖拉机连接叉座与牵引连接块应锁定,各液压管路连接应可靠,确认正常后,方可启动。开动前,应使铲斗离开地面,机械周围应无障碍物,确认安全后,方可开动。作业中,严禁任何人上下机械,传递补物件,以及在铲斗内、拖把或机架上坐立。

多台铲运机联合作业时,各机之间前后距离不得小于 10 m(铲土时不得小于 5 m),左右距离不得小于 2 m。行驶中,应遵守下坡让上坡、空载让重载、支线让干线的原则。在狭窄地段运行时,未经前机同意,后机不得超越。两机交会或超越平行时应减速,两机间距不得小于 0.5 m。

铲运机上、下坡道时,应低速行驶,不得中途换挡,下坡时不得空挡滑行,行驶的横向坡度不得超过6°,坡宽应大于机身 2 m 以上。在新填筑的土堤上作业时,离堤坡边缘不得小于1 m。需要在斜坡横向作业时,应先将斜坡挖填,使机身保持平衡。在坡道上不得进行检修作业。在陡坡上严禁转弯、倒车或停车。在坡上熄火时,应将铲斗落地、制动牢靠后再行启动。下陡坡时,应将铲斗触地行驶,帮助制动。

铲土时，铲土与机身应保持直线行驶。助铲时应有助铲装置，应正确掌握斗门开启的大小，不得切土过深。两机动作应协调配合，做到平稳接触，等速助铲。在下陡坡铲土时，铲斗装满后，在铲斗后轮未达到缓坡地段前，不得将铲斗提离地面，应防铲斗快速下滑冲击主机。

拖拉陷车时，应有专人指挥，前后操作人员应协调，确认安全后，方可起步。修理斗门或在铲斗下检修作业时，必须将铲斗提起后用销子或锁紧链条固定，再用垫木将斗身顶住，并用木楔楔住轮胎。

五、自行式铲运机

自行式铲运机作业前，应检查铲运机的转向和制动系统，并确认灵敏可靠。

下坡时，不得空挡滑行，应踩下制动踏板辅助以内燃机制动，必要时可放下铲斗，以降低下滑速度。转弯时，应采用较大回转半径低速转向，操纵转向盘不得过猛；当重载行驶或在弯道上、下坡时，应缓慢转向。不得在大于15°的横坡上行驶，也不得在横坡上铲土。沿沟边或填方边坡作业时，轮胎离路肩不得小于0.7 m，并应放低铲斗，降速缓行。夜间作业时，前后照明应齐全完好，前大灯应能照至30 m；当对方来车时，应在100 m以外将大灯光改为小灯光，并低速靠边行驶。

六、蛙式夯实机

蛙式夯实机应适用于夯实灰土和素土的地基、地坪及场地平整，不得夯实坚硬或软硬不一的地面、冻土及混有砖石碎块的杂土。

作业前重点检查的项目及要求：

1. 除接零或接地外，应设置漏电保护器，电缆线接头绝缘良好；
2. 传动皮带松紧合适，皮带轮与偏心块安装牢固；
3. 转动部分有防护装置，并进行试运转，确认正常后，方可作业。

作业时夯实机扶手上的按钮开关和电动机的接线均应绝缘良好。当发现有漏电现象时，应立即切断电源，进行检修。夯实机作业时，应一人扶夯，一人传递电缆线，且必须戴绝缘手套和穿绝缘鞋。递线人员应跟随夯机后或两侧调顺电缆线，电缆线不得扭结或缠绕，且不得张拉过紧，应保持有3～4 m的余量。应防止电缆线被夯击。移动时，应将电缆线移至夯机后方，不得隔机抢扔电缆线，当转向倒线困难时，应停机调整。手握扶手应保持机身平衡，不得用力向后压，并应随时调整行进方向。转弯时不得用力过猛，不得急转弯。

在较大基坑作业时，不得在斜坡上夯行，应避免造成夯头后折。

夯实房心土时，夯板应避开房心内地下构筑物、钢筋混凝土基桩、机座及地下管道等。在建筑物内部作业时，夯板或偏心块不得打在墙壁上。多机作业时，其平列间距不得小于5 m，前后间距不得小于10 m。夯机前进方向和夯机四周1 m范围内，不得站立非操作人员。夯机连续作业时间不应过长，当电动机超过额定温升时，应停机降温。

夯机发生故障时，应先切断电源，然后排除故障。作业后，应切断电源，卷好电缆线，清除夯机上的泥土，并妥善保管。

七、潜孔钻机

潜孔钻机使用前，应检查风动马达转动的灵活性，清除钻机作业范围内及行走路面上的障碍物，并应检查路面的通过能力。

作业前，应检查钻具、推进机构、电气系统、压气系统、风管及防尘装置等，确认完好，方可使用。作业时，应先开动吸尘机，随时观察冲击器的声响及机械运转情况，如发现异常，应立即停机检查，并排除故障。

开钻时，应给充足的水量，减少粉尘飞扬。钻进中，不得反转电动机或回转减速器，应避免钻杆脱扣。加接钻杆前，应将钻杆中心孔吹洗干净，避免污物进入冲击器。对不符合规格或磨损严重的钻杆不得使用，已断在孔内的钻杆，应采用专用工具取出。钻机短时间停止工作时，应供应少量压缩空气，防止岩粉侵入冲击器；若较长时间停钻，应将冲击器提离孔底 1 ~ 2m 并加以固定。

发生卡钻时，应立即减小轴推力，加强回转和冲洗，使之逐步趋于正常。如严重卡钻，必须立即停机，用工具外加扭力和拉力，使钻具回转松动，然后边送风边提钻，直至恢复正常。应经常调整推进机构钢丝绳的松紧程度，以及提升滑轮组上、下行程开关工作的可靠程度；不能正确动作时，应及时修复。

钻机移位时，应调整好滑架、钻臂，保持机体平衡。

第四节　水平和垂直运输机械安全技术

一、基本要求

运送超宽、超高和超长物件前，应制定妥善的运输方法和安全措施，并必须符合《中华人民共和国道路交通管理条例》的规定。

启动前应进行重点检查。灯光、喇叭、指示仪表等应齐全完整；燃油、润滑油、冷却水等应添加充足；各连接件不得松动；轮胎气压应符合要求，确认无误后，方可启动。燃油箱应加锁。启动后，应观察各仪表指示值、检查内燃机运转情况、测试转向机构及制动器等性能，确认正常并待水温达到 40 ℃以上、制动气压达到安全压力以上时，方可低挡起步。起步前，车旁及车下应无障碍物及人员。水温未达到 70 ℃时，不得高速行驶。行驶中，变速时应逐级增减，正确使用离合器，不得强推硬拉，使齿轮撞击发响。前进和后退交替时，应待车停稳后，方可换挡。

行驶中，应随时观察仪表的指示情况，当发现机油压力低于规定值，水温过高或有异响、异味等异常情况时，应立即停车检查，排除故障后，方可继续运行。严禁超速行驶。应根据车速与前车保持适当的安全距离，选择较好路面行进，应避让石块、铁钉或其他尖锐铁器。遇有凹坑、明沟或穿越铁路时，应提前减速，缓慢通过。上下坡应提前换入低速挡，不得中途换挡。下坡时，应以内燃机阻力控制车速，必要时，可间歇轻踏制动器。严禁踏离合器或空挡滑行。在泥泞、冰雪道路上行驶时，应降低车速，宜沿前车辙迹前进，必要时应加装防滑链。当车辆陷入泥坑、砂窝内时，不得采用猛松离合器踏板的方法来冲击起步。当使用差速器锁时，应低速直线行驶，不得转弯。车辆涉水过河时，应先探明水深、流速和水底情况，水深不得超过排水管或曲轴皮带盘，并应低速直线行驶，不得在中途停车或换挡。涉水后，应缓行一段路程，轻踏制动器使浸水的制动蹄片上水分蒸发掉。通过危险地区或狭窄便桥时，应先停车检查，确认可以通过后，应由有经验人员指挥前进。

停放时，应将内燃机熄火，拉紧手制动器，关锁车门。内燃机运转中驾驶员不得离开车辆；在离开前应熄火并锁住车门。在坡道上停放时，下坡停放应挂上倒挡，上坡停放应挂上一挡，并应使用三角木楔等塞紧轮胎。

平头型驾驶室需前倾时，应清除驾驶室内物件，关紧车门，方可前倾并锁定。复位后，应确认驾驶室已锁定，方可启动。

在车底下进行保养、检修时，应将内燃机熄火、拉紧手制动器并将车轮楔牢。

二、载重汽车

装载物品应捆绑稳固牢靠。轮式机具和圆筒形物件装运时应采取防止滚动的措施。不得人货混装。因工作需要搭人时，人不得在货物之间或货物与前车厢板间隙内。严禁攀爬或坐卧在货物上面。

拖挂车时，应检查与挂车相连的制动气管、电气线路、牵引装置、灯光信号等，挂车的车轮制动器和制动灯、转向灯应配备齐全，并应与牵引车的制动器和灯光信号同时起作用。确认后方可运行。起步应缓慢并减速行驶，宜避免紧急制动。

运载易燃、有毒、强腐蚀等危险品时，其装载、包装、遮盖必须符合有关的安全规定，并应备有性能良好、有效期内的灭火器。途中停放应避开火源、火种、居民区、建筑群等，炎热季节应选择阴凉处停放。装卸时严禁火种。除必要的行车人员外，不得搭乘其他人员。严禁混装备用燃油。装运易爆物资或器材时，车厢底面应垫有减轻货物振动的软垫层。装载重量不得超过额定载重量的70%。装运炸药时，层数不得超过两层。装运氧气瓶时，车厢板的油污应清除干净，严禁混装油料或盛油容器。

三、自卸汽车

自卸汽车应保持顶升液压系统完好，工作平稳，操纵灵活，不得有卡阻现象。各节液压缸表面应保持清洁。非顶升作业时，应将顶升操纵杆放在空挡位置。顶升前，应拔出车厢固定销。作业后，应插入车厢固定销。

配合挖装机械装料时，自卸汽车就位后应拉紧手制动器，在铲斗需越过驾驶室时，驾驶室内严禁有人。

卸料前，车厢上方应无电线或障碍物，四周应无人员来往。卸料时，应将车停稳，不得边卸边行驶。举升车厢时，应控制内燃机中速运转，当车厢升到顶点时，应降低内燃机转速，减少车厢振动。向坑洼地区卸料时，应和坑边保持安全距离，防止塌方翻车。严禁在斜坡侧向倾卸。卸料后，应及时使车厢复位，方可起步，不得在倾斜情况下行驶。严禁在车厢内载人。

车厢举升后需进行检修、润滑等作业时，应将车厢支撑牢靠后，方可进入车厢下面工作。

四、散装水泥车

散装水泥车装料前，应检查并清除罐体及出料管道内的积灰和结渣等物；各管道、阀门应启闭灵活，不得有堵塞、漏气等现象；各连接部件应牢固可靠，方可进行装料。

在打开装料口前，应先打开排气阀，排除罐内残余气压。装料时，应打开料槽内料位器开关，待料位器发出满位声响信号时，应立即停止装料。装料完毕，应将装料口边缘上堆积的水泥清扫干净，盖好进料口盖，并把插销插好锁紧。

卸料前，应将车辆停放在平坦的卸料场地，装好卸料管，关闭卸料管蝶阀和卸压管球阀，打开二次风管并接通压缩空气，保证空气压缩机在无载情况下启动。在向罐内加压时，应确认卸料阀处于关闭状态。待罐内气压达到卸料压力时，应先稍开二次风嘴阀后再打开卸料阀，并调节二次风嘴阀的开度来调整空气与水泥的最佳比例。卸料过程中，应观察压力表压力变化情况，如压力突然上升，而输气软管堵塞，不再出料，应停止送气并放出管内压气，然后清除堵塞。卸料作业时，空气压缩机应有专人负责，其他人员不得擅自操作。在进行加压卸料时，不得改变内燃机转速。

卸料结束，应打开放气阀，放尽罐内余气，并关闭各部阀门。车辆行驶过程中，罐内不得有压力。

雨天不得在露天装卸水泥。应经常检查并确认进料口盖关闭严实，不得让水或湿空气进入罐内。

五、机动翻斗车

机动翻斗车在行驶前，应检查锁紧装置并将料斗锁牢，不得在行驶时掉斗。

行驶时应从一挡起步。不得用离合器处于半结合状态来控制车速。上坡时，当路面不良或坡度较大时，应提前换入低挡行驶；下坡时严禁空挡滑行；转弯时应先减速；急转弯时应先换入低挡。通过泥泞地段或雨后湿地时，应低速缓行，应避免换挡、制动、急剧加速，且不得的靠近路边或沟旁行驶，并应防侧滑。翻斗车排成纵队行驶时，前后车之间应保持 8 m 的间距，在下雨或冰雪的路面上，应加大间距。

停车时，应选择适合地点，不得在坡道上停车。冬季应采取防止车轮与地面冻结的措施。翻斗车制动时，应逐渐踩下制动踏板，并应避免紧急制动。

在坑沟边缘卸料时，应设置安全挡块，车辆接近坑边时，应减速行驶，不得剧烈冲撞挡块。

严禁料斗内载人。料斗不得在卸料工况下行驶或进行平地作业。内燃机运转或料斗内载荷时，严禁在车底下进行任何作业。

六、施工升降机

施工升降机应为人货两用电梯，其安装和拆卸工作必须由取得建设行政主管部门颁发的拆装资质证书的专业队负责，并必须由经过专业培训，取得操作证的专业人员进行操作和维修。为保证升降机的整体稳定性，升降机导轨架的纵向中心线至建筑物外墙面的距离宜选用较小的安装尺寸。安装导轨架时，应用经纬仪对升降机在两个方面进行测量校准。其垂直度允许偏差为其高度的 5/10 000。导轨架顶端自由高度、导轨架与附壁距离、导轨架的两附壁连接点间距离和最低附壁点高度均不得超过出厂规定。

升降机的专用开关箱应设在底架附近便于操作的位置，馈电容量应满足升降机直接启动的要求，箱内必须设短路、过载、相序、断相及零位保护等装置。

升降机梯笼周围 2. 5 m 范围内应设置稳固的防护栏杆，各楼层平台通道应平整牢固，出入口应设防护栏杆和防护门。全行程四周不得有危害安全运行的障碍物。当升降机安装在建筑物内部井道中间时，应在全行程范围井壁四周搭设封闭屏障。装设在阴暗处或夜班作业的升降机，应在全行程上装设足够的照明和明亮的楼层编号标志灯。

升降机安装后，应经企业技术负责人会同有关部门对基础和附壁支架以及升降机架设安装的质量、精度等进行全面检查，并应按规定程序进行技术试验（包括坠落试验），经试验合格签证后，方可投入运行。升降机的防坠安全器，在使用中不得任意拆检调整，需要拆检调整时或每用满 1 年后，均应由生产厂或指定的认可单位进行调整、检修或鉴定。新安装或转移工地重新安装以及经过大修后的升降机，在投入使用前，必须经过坠落试验。升降机在使用中每隔 3 个月，应进行一次坠落试验。试验程序应按说明书规定进行，当试验中梯笼坠落超过 1. 2 m

制动距离时，应查明原因，并应调整防坠安全器，切实保证不超过1.2 m制动距离。试验后以及正常操作中每发生一次防坠动作，均必须对防坠安全器进行复位。

升降机作业前重点检查的项目及要求：

(1)各部结构无变形，连接螺栓无松动；

(2)齿条与齿轮、导向轮与导轨均接合正常；

(3)各部钢丝绳固定良好，无异常磨损；

(4)运行范围内无障碍。

启动前，应检查并确认电缆、接地线完整无损，控制开关在零位。电源接通后，应检查并确认电压正常，应测试无漏电现象。应试验并确认各限位装置、梯笼、围护门等处的电器联锁装置良好可靠，电器仪表灵敏有效。启动后，应进行空载升降试验，测定各传动机构制动器的效能，确认正常后，方可开始作业。

升降机在每班首次载重运行时，当梯笼升离地面1～2 m时，应停机试验制动器的可靠性；当发现制动效果不良时，应调整或修复后方可运行。梯笼内乘人或载物时，应使载荷均匀分布，不得偏重。严禁超载运行。操作人员应根据指挥信号操作。作业前应鸣声示意。在升降机未切断总电源开关前，操作人员不得离开操作岗位。当升降机运行中发现有异常情况时，应立即停机并采取有效措施将梯笼降到底层，排除故障后方可继续运行。在运行中发现电气失控时，应立即按下急停按钮；在未排除故障前，不得打开急停按钮。升降机运行到最上层或最下层时，严禁用行程限位开关作为停止运行的控制开关。

升降机在大雨、大雾、6级及以上大风以及导轨架、电缆等结冰时，必须停止运行，并将梯笼降到底层，切断电源。暴风雨后，应对升降机各有关安全装置进行一次检查，确认正常后，方可运行。

当升降机在运行中由于断电或其他原因而中途停止时，可进行手动下降，将电动机尾端制动电磁铁手动释放拉手缓缓向外拉出，使梯笼缓慢地向下滑行。梯笼下滑时，不得超过额定运行速度，手动下降必须由专业维修人员进行操纵。

作业后，应将梯笼降到底层，各控制开关拨到零位，切断电源，锁好开关箱，闭锁梯笼门和围护门。

第五节　桩工及水工机械安全技术

一、基本要求

打桩机类型应根据桩的类型、桩长、桩径、地质条件、施工工艺等综合考虑选择。打桩作业前，应由施工技术人员向机组人员进行安全技术交底。施工现场应按地基承载力不小于83 kPa的要求进行整平压实。在基坑和围堰内打桩，应配置足够的排水设备。打桩机作业区内应无高压线路。作业区应有明显标志或围栏，非工作人员不得进入。桩锤在施打过程中，操作人员必须在距离桩锤中心5 m以外监视。

机组人员作登高检查或维修时，必须系安全带；工具和其他物件应放在工具包内，高空人员不得向下随意抛物。水上打桩时，应选择排水量比桩机重量大4倍以上的作业船或牢固排架，打桩机与船体或排架应可靠固定，并采取有效的锚固措施。当打桩船或排架的偏斜度超过3°时，应停止作业。

安装打桩机时，应将桩锤运到立柱正前方2 m以内，并不得斜吊。吊桩时，应在桩上拴好拉绳，不得与桩锤或机架碰撞。严禁吊桩、吊锤、回转或行走等动作同时进行。打桩机在吊有桩和锤的情况下，操作人员不得离开岗位。

插桩后，应及时校正桩的垂直度。桩入土 3 m 以上时，严禁用打桩机行走或回转动作来纠正桩的倾斜度。拔送桩时，不得超过桩机起重能力；起拔载荷应符合以下规定：

(1)打桩机为电动卷扬机时，起拔载荷不得超过电动机满载电流；

(2)打桩机卷扬机以内燃机为动力，拔桩时发现内燃机明显降速，应立即停止起拔；

(3)每米送桩深度的起拔载荷可按 40 kN 计算。卷扬钢丝绳应经常润滑，不得干摩擦。钢丝绳的使用及报废标准按表 5.3、表 5.4 的规定执行。

作业中，当停机时间较长时，应将桩锤落下垫好。检修时不得悬吊桩锤。

遇有雷雨、大雾和 6 级及以上大风等恶劣气候时，应停止一切作业。当风力超过 7 级或有风暴警报时，应将打桩机顺风向停置，并应增加缆风绳，或将桩立柱放倒地面上。立柱长度在 27 m 及以上时，应提前放倒。

作业后，应将打桩机停放在坚实平整的地面上，将桩锤落下垫实，并切断动力电源。

二、柴油打桩锤

柴油打桩锤应使用规定配合比的燃油，作业前，应将燃油箱注满，并将出油阀门打开。

作业前，打开放气螺塞，排出油路中的空气，并应检查和试验燃油泵，从清扫孔中观察喷油情况；发现不正常时，应予调整。使用起落架将上活塞提起稍高于上汽缸，打开贮油室油塞，按规定加满润滑油。对自动润滑的桩锤，应采用专用油泵向润滑油管路加入润滑油，并应排除管路中的空气。检查所有紧固螺栓，并应重点检查导向板的固定螺栓，不得在松动及缺件情况下作业。检查并确认起落架各工作机构安全可靠，启动钩与上活塞接触线在 5 ~ 10 mm 之间。对新启用的桩锤，应预先沿上活塞一周浇入 0.5 L 润滑油，并应用油枪对下活塞加注一定量的润滑油。对水冷式桩锤，应将水箱内的水加满。冷却水必须使用软水。冬季应加温水。

提起桩锤脱出砧座后，其下滑长度不宜超过 200 mm。超过时应调整桩帽绳扣。检查导向板磨损间隙，当间隙超过 7 mm 时，应予更换。检查缓冲胶垫，当砧座和橡胶垫的接触面小于原面积 2/3 时，或下汽缸法兰与砧座间隙小于 7 mm 时，均应更换橡胶垫。桩锤启动前，应使桩锤、桩帽和桩在同一轴线上，不得偏心打桩。在桩贯入度较大的软土层启动桩锤时，应先关闭油门冷打，待每击贯入度小于 100 mm 时，再开启油门启动桩锤。

锤击中，上活塞最大起跳高度不得超过出厂说明书规定。目视测定高度宜符合出厂说明书上的目测表或计算公式。当超过规定高度时，应减少油门，控制落距。当上活塞下落而柴油锤未燃爆时，上活塞可发生短时间的起伏，此时起落架不得落下，应防撞击碰块。

打桩过程中，应有专人负责拉好曲壁上的控制绳；在意外情况下，可使用控制绳紧急停锤。当上活塞与启动钩脱离后，应将起落架继续提起，宜使它与上汽缸达到或超过 2 m 的距离。

作业中，应重点观察上活塞的润滑油是否从油孔中泄出。当下汽缸为自动加油泵润滑时，应经常打开油管头，检查有无油喷出；当无自动加油泵时，应每隔 15 min 向下活塞润滑点注入润滑油。当一根桩打进时间超过 15 min 时，则应在打完后立即加注润滑油。当桩锤冲击能量达到最大能量时，其最后 10 锤的贯入值不得小于 5 mm。桩帽中的填料不得偏斜，作业中应保证锤击桩帽中心。当水套的水由于蒸发而低于下汽缸吸排气口时，应及时补充，严禁无水作业。

停机后，应将桩锤放到最低位置，盖上汽缸盖和吸排气孔塞子，关闭燃料阀，将操作杆置于停机位置，起落架升至高于桩锤1 m处，锁住安全限位装置。长期停用的桩锤，应从桩机上卸下，放掉冷却水、燃油及润滑油，将燃烧室及上、下活塞打击面清洗干净，并应做好防腐措施，盖上保护套，入库保存。

三、振动桩锤

作业场地至电源变压器或供电主干线的距离应在200 m以内。液压箱、电气箱应置于安全平坦的地方。电气箱和电动机必须安装保护接地设施。长期停放重新使用前，应测定电动机的绝缘值，且不得小于0.5 MΩ，并应对电缆芯线进行导通试验。电缆外包橡胶层应完好无损。检查并确认电气箱内各部件完好，接触无松动，接触器触点无烧毛现象。检查并确认振动箱内润滑油位在规定范围内。用手盘转胶带轮时，振动箱内不得有任何异响。检查振动桩锤减震器与连接螺栓的紧固性，不得在螺栓松动或缺件的状态下启动。检查各传动胶带的松紧度，过松或过紧时应进行调整。胶带防护罩不应有破损。夹持器与振动器连接处的紧固螺栓不得松动。液压缸根部的接头防护罩应齐全。检查夹持片的齿形。当齿形磨损超过4 mm时，应更换或用堆焊修复。使用前，应在夹持片中间放一块10～15 mm厚的钢板进行试夹。试夹中液压缸应无渗漏，系统压力应正常，不得在夹持片之间无钢板时试夹。

悬挂振动桩锤的起重机，其吊钩上必须有防松脱的保护装置。振动桩锤悬挂钢架的耳环上应加装保险钢丝绳。

启动振动桩锤应监视启动电流和电压，一次启动时间不应超过10 s。当启动困难时，应查明原因，排除故障后，方可继续启动。启动后，应待电流降到正常值时，方可转到运转位置。振动桩锤启动运转后，应待振幅达到规定值时，方可作业。当振幅正常后仍不能拔桩时，应改用功率较大的振动桩锤。

四、履带式打桩机（三支点式）

打桩机的安装场地应平坦坚实，当地基承载力达不到规定的压应力时，应在履带下铺设路基箱或30 mm厚的钢板，其间距不得大于300 mm。

打桩机的安装、拆卸应按照出厂说明书规定程序进行。用伸缩式履带的打桩机，应将履带扩张后方可安装。履带扩张应在无配重情况下进行，上部回转平台应转到与履带成90°的位置。

立柱底座安装完毕后，应对水平微调液压缸进行试验，确认无问题时，再将活塞杆缩进，并准备安装立柱。立柱安装时，履带驱动轮应置于后部，履带前倾覆点应采用铁楔块填实，并应制动住行走机构和回转机构，用销轴将水平伸缩臂定位。在安装垂直液压缸时，应在下面铺木垫板将液压缸顶实，并使主机保持平衡。安装立柱时，应按规定扭矩将连接螺栓拧紧，立柱支座下方应垫千斤顶并顶实。安装后的立柱，其下方搁置点不应少于3个。立柱的前端和两侧应系缆风绳。立柱竖立前，应向顶梁各润滑点加注润滑油，再进行卷扬筒制动试验。试验时，应先将立柱拉起300～400 mm后制动住，然后放下，同时应检查并确认前后液压缸千斤顶牢固可靠。立柱的前端应垫高，不得在水平以下位置扳起立柱。当立柱扳起时，应同步放松缆风绳。当立柱接近垂直位置时，应减慢竖立速度。扳到75°～83°时，应停止卷扬，并收紧缆风绳，再装上后支撑，用后支撑液压缸使立柱竖直。

安装后支撑时，应有专人将液压缸向主机外侧拉住，不得撞击机身。

安装桩锤时，桩锤底部冲击块与桩帽之间应有一定厚度的缓冲垫木。对金属桩，垫木厚度应为 100 ~ 150 mm；对混凝土桩，垫木厚度应为 200 ~ 250 mm。作业中应观察垫木的损坏情况，损坏严重时应予更换。连接桩锤与桩帽的钢丝绳张紧度应适宜，过紧或过松时，应予调整，拉紧后应留有 200 ~ 250 mm 的滑出余量，并应防止绳头插入汽缸法兰与冲击块内损坏缓冲垫。

拆卸应按与安装时相反程序进行。放倒立柱时，应使用制动器使立柱缓缓放下，并用缆风绳控制，不得不加控制地快速下降。

正前方吊桩时，对混凝土预制桩，立柱中心与桩的水平距离不得大于 4 m；对钢管桩，水平距离不得大于 7 m。严禁偏心吊桩或强行拉桩等。使用双向立柱时，应待立柱转向到位，并用锁销将立柱与基杆锁住后，方可起吊。施打斜桩时，应先将桩锤提升到预定位置，并将桩吊起，套入桩帽，桩尖插入桩位后再后仰立柱，并用后支撑杆顶紧，立柱后仰时打桩机不得回转及行走。

打桩机带锤行走时，应将桩锤放至最低位。行走时，驱动轮应在尾部位置，并应有专人指挥。在斜坡上行走时，应将打桩机重心置于斜坡的上方，斜坡的坡度不得大于 5°。在斜坡上不得回转。

作业后，应将桩锤放在已打入地下的桩头或地面垫板上，将操纵杆置于停机位置，起落架升至比桩锤高 1 m 的位置，锁住安全限位装置，并应使全部制动生效。

五、静力压桩机

压桩机安装地点应按施工要求进行先期处理，应平整场地，地面应达到 35 kPa 的平均地基承载力。

安装时，应控制好两个纵向行走机构的安装间距，使底盘平台能正确对位。电源在导通时，应检查电源电压并使其保持在额定电压范围内。各液压管路连接时，不得将管路强行弯曲。安装过程中，应防止液压油过多流损。安装配重前，应对各紧固件进行检查，在紧固件未拧紧前不得进行配重安装。安装完毕后，应对整机进行试运转，对吊桩用的起重机，应进行满载试吊。

作业前应检查并确认各传动机构、齿轮箱、防护罩等良好，各部件连接牢固。检查并确认起重机起升、变幅机构正常，吊具、钢丝绳、制动器等良好。检查并确认电缆表面无损伤，保护接地电阻符合规定，电源电压正常，旋转方向正确。检查并确认润滑油、液压油的油位符合规定，液压系统无泄漏，液压缸动作灵活。冬季应清除机上积雪，工作平台应有防滑措施。

压桩作业时，应有统一指挥，压桩人员和吊桩人员应密切联系，相互配合。当压桩机的电动机尚未正常运行前，不得进行压桩。起重机吊桩进入夹持机构进行接桩或插桩作业中，应确认在压桩开始前吊钩已安全脱离桩体。压桩时，应按桩机技术性能表作业，不得超载运行。操作时动作不应过猛，避免冲击。非工作人员应离机 10 m 以外。起重机的起重臂下，严禁站人。压桩过程中，应保持桩的垂直度，如遇地下障碍物使桩产生倾斜时，不得采用压桩机行走的方法强行纠正，应先将桩拔起，待地下障碍物清除后，重新插桩。当桩在压入过程中，夹持机构与桩侧出现打滑时，不得任意提高液压力，强行操作，而应找出打滑原因，排除故障后，方可继续进行。当桩的贯入阻力太大，使桩不能压至标高时，不得任意增加配重。应保护液压元件和构件不受损坏接桩时，上一节应提升 350 ~ 400 mm，此时，不得松开夹持板。顶升压桩机时，四个顶升缸应两个一组交替动作，每次行程不得超过 100 mm。当单个顶升缸动作时，行程不得超过

50 mm。

当桩顶不能最后压到设计标高时，应将桩顶部分凿去，不得用桩机行走的方式，将桩强行推断。当压桩引起周围土体隆起，影响桩机行走时，应将桩机前进方向隆起的土铲平，不得强行通过。

压桩机行走时，长、短船与水平坡度不得超过5°。纵向行走时，不得单向操作一个手柄，应两个手柄一起动作。压桩机在顶升过程中，船形轨道不应压在已入土的单一桩顶上。

作业完毕，应将短船运行至中间位置，停放在平整地面上，其余液压缸应全部回程缩进，起重机吊钩应升至最上部，并应使各部制动生效，最后应将外露活塞杆擦干净。作业后，应将控制器放在"零位"，并依次切断各部电源，锁闭门窗，冬季应放尽各部积水。转移工地时，应按规定程序拆卸时，用汽车装运。所有油管接头处应加闷头螺栓，不得让尘土进入。液压软管不得强行弯曲。

六、螺旋钻孔机

使用钻机的现场，按要求清除孔位及周围的石块等障碍物。作业场地距电源变压器或供电主干线距离应在200 m以内，启动时电压降不得超过额定电压的10%。电动机和控制箱应有良好的接地装置。

安装前，应检查并确认钻杆及各部件无变形；安装后，钻杆与动力头的中心线允许偏斜为全长的1%。安装钻杆时，应从动力头开始，逐节往下安装。不得将所需钻杆长度在地面上全部接好后一次起吊安装。动力头安装前，应先拆下滑轮组，将钢丝绳穿绕好。钢丝绳的选用，应按说明书规定的要求配备。安装后，电源的频率与控制箱内频率转换开关上的指针应相同，不同时，应采用频率转换开关予以转换。

钻机应放置平稳、坚实，汽车式钻孔机应架好支腿，将轮胎支起，并应用自动微调或线锤调整挺杆，使之保持垂直。

启动前应检查并确认钻机各部件连接牢固，传动带的松紧度适当，减速箱内油位符合规定，钻深限位报警装置有效。将操纵杆放在空挡位置。启动后，应作空运转试验，检查仪表、温度、音响、制动等各项工作正常，方可作业。

施钻时，应先将钻杆缓慢放下，使钻头对准孔位，当电流表指针偏向无负荷状态时即可下钻。在钻孔过程中，当电流表超过额定电流时，应放慢下钻速度。钻机发出下钻限位报警信号时，应停钻，并将钻杆稍稍提升，待解除报警信号后，方可继续下钻。钻孔中卡钻时，应立即切断电源，停止下钻。未查明原因前，不得强行启动。

作业中，当需改变钻杆回转方向时，应待钻杆完全停转后再进行。钻孔时，当机架出现摇晃、移动、偏斜或钻头内发出有节奏的响声时，应立即停钻，经处理后，方可继续施钻。扩孔达到要求孔径时，应停止扩削，并拢扩孔刀管，稍松数圈，使管内存土全部输送到地面，即可停钻。作业中停电时，应将各控制器放置零位，切断电源，并及时将钻杆全部从孔内拔出，使钻头接触地面。钻机运转时，应防止电缆线被缠入钻杆中，必须有专人看护。

钻孔时，严禁用手清除螺旋片中的泥土。发现紧固螺栓松动时，应立即停机，在紧固后方可继续作业。成孔后，应将孔口加盖保护。

作业后，应将钻杆及钻头全部提升到孔外，先清除钻杆和螺旋叶片上的泥土，再将钻头按下接触地面，各部制动住，操纵杆放到空挡位置，切断电源。当钻头磨损量达20 mm时，应予更换。

七、离心水泵

水泵放置地点应坚实，安装应牢固、平稳，并应有防雨设施。多级水泵的高压软管接头应牢固可靠，放置宜平直，转弯处应固定牢靠。数台水泵并列安装时，其扬程宜相同，每台之间应有0.8～1.0 m的距离；串联安装时，应有相同的流量。冬季运转时，应做好管路、泵房的防冻、保温工作。

启动前检查的项目及要求：

(1)电动机与水泵的连接同心，联轴节的螺栓紧固。联轴节的转动部分有防护装置，泵的周围无障碍物。

(2)管路支架牢固，密封可靠，泵体、泵轴、填料和压盖严密，吸水管底阀无堵塞或漏水。

(3)排气阀畅通，进、出水管接头严密不漏，泵轴与泵体之间不漏水。

启动时应加足引水，并将出水阀关闭；当水泵达到额定转速时，旋开真空表和压力表的阀门，待指针位置正常后，方可逐步打开出水阀。

运转中发现下列情况，应立即停机检修：

(1)漏水、漏气、填料部分发热；

(2)底阀滤网堵塞，运转声音异常；

(3)电动机温升过高，电流突然增大；

(4)机械零件松动或其他故障。

升降吸水管时，应在有护栏的平台上操作。运转时，严禁人员从机上跨越。水泵停止作业时，应先关闭压力表，再关闭出水阀，然后切断电源。冬季使用时，应将各部放水阀打开，放尽水泵和水管中积水。

八、潜 水 泵

潜水泵宜先装在坚固的篮筐里再入水中，亦可在水中将泵的四周设立坚固的防护围网。泵应直立于水中，水深不得小于0.5 m，不得在含泥砂的水中使用。潜水泵放入水中或提出水面时，应先切断电源，严禁接拽电缆或出水管。潜水泵应装设保护接零或漏电保护装置，工作时泵周围30 m以内水面，不得有人、畜进入。

启动前检查的项目及要求：

(1)水管结扎牢固；

(2)放气、放水、注油等螺塞均旋紧；

(3)叶轮和进水节无杂物；

(4)电缆绝缘良好。

接通电源后，应先试运转，并应检查并确认旋转方向正确，在水外运转时间不得超过5 min。应经常观察水位变化，叶轮中心至水平距离应在0.5～3.0 m之间，泵体不得陷入污泥或露出水面。电缆不得与井壁、池壁相擦。

新泵或新换密封圈，在使用50 h后，应旋开放水封口塞，检查水、油的泄漏量。当泄漏量超过5 mL时，应进行0.2 MPa的气压试验，查出原因，予以排除，以后应每月检查一次；当泄漏量不超过25 mL时，可继续使用。检查后应换上规定的润滑油。

经过修理的油浸式潜水泵，应先经0.2 MPa气压试验，检查各部无泄漏现象，然后将润滑油加入上、下壳体内。

当气温降到 0 ℃以下时，在停止运转后，应从水中提出潜水泵擦干后存放室内。

每周应测定一次电动机定子绕组的绝缘电阻，其值应无下降。

九、泥 浆 泵

泥浆泵应安装在稳固的基础架或地基上，不得松动。

启动前检查的项目及要求：

(1)各连接部位牢固；

(2)电动机旋转方向正确；

(3)离合器灵活可靠；

(4)管路连接牢固，密封可靠，底阀灵活有效。

启动前吸水管、底阀及泵体内应注满引水，压力表缓冲器上端应注满油。使活塞往复两次，无阻梗时方可空载启动。启动后，应待运转正常，再逐步增加载荷。

运转中，应经常测试泥浆含砂量。泥浆含砂量不得超过 10%。运转中不得变速；当需要变速时，应停泵进行换挡。当出现异响或水量、压力不正常，或有明显高温时，应停泵检查。有多挡速度的泥浆泵，在每班运转中应将几挡速度分别运转，运转时间均不得少于 30 min。

在正常情况下，应在空载时停泵。停泵时间较长时，应全部打开放水孔，并松开缸盖，提起底阀放水杆，放尽泵体及管道中的全部泥砂。长期停用时，应清洗各部泥砂、油垢，将曲轴箱内润滑油放尽，并应采取防锈、防腐措施。

第六节　混凝土机械安全技术

一、基本要求

作业场地应有良好的排水条件，机械近旁应有水源，机棚内应有良好的通风、采光及防雨、防冻设施，并不得有积水。固定式机械应有可靠的基础，移动式机械应在平坦坚硬的地坪上用方木或撑架架牢，并应保持水平。当气温降到 5 ℃以下时，管道、水泵、机内均应采取防冻保温措施。

作业后，应及时将机内、水箱内、管道内的存料、积水放尽，并应清洁保养机械，清理工作场地，切断电源，锁好开关箱。

装有轮胎的机械，转移时拖行速度不得超过 15 km/h。

二、混凝土搅拌机

固定式搅拌机应安装在牢固的台座上，当长期固定时，应埋置地脚螺栓；在短期使用时，应在机座上铺设木枕并找平放稳。固定式搅拌机的操纵台，应使操作人员能看到各部工作情况。电动搅拌机的操纵台，应垫上橡胶板或干燥木板。

移动式搅拌机的停放位置应选择平整坚实的场地，周围应有良好的排水沟渠。就位后，应放下支腿将机架顶起达到水平位置，使轮胎离地。当使用时间较长时，应将轮胎卸下妥善保管，轮轴端部用油布包扎好，并用枕木将机架垫起支牢。

对需设置上料斗地坑的搅拌机，其坑口周围应垫高夯实，应防止地面水流入坑内。上料轨道架的底端支承面应夯实或铺砖，轨道架的后面应采用木料加以支承，应防止作业时轨道变形。料斗放到最低位置时，在料斗与地面之间，应加一层缓冲垫木。

作业前重点检查的项目及要求：

(1)电源电压升降幅度不超过额定值的5%；

(2)电动机和电器元件的接线牢固，保护接零或接地电阻符合规定；

(3)各传动机构、工作装置、制动器等均紧固可靠，开式齿轮、皮带轮等均有防护罩；

(4)齿轮箱的油质、油量符合规定。

作业前，应先启动搅拌机空载运转。应确认搅拌筒或叶片旋转方向与筒体上箭头所示方向一致。对反转出料的搅拌机，应使搅拌筒正、反转运转数分钟，并应无冲击抖动现象和异常噪音。进行料斗提升试验，应观察并确认离合器、制动器灵活可靠。检查并校正供水系统的指示水量与实际水量的一致性；当误差超过2%时，应检查管路的漏水点，或应校正节流阀。检查骨料规格并应与搅拌机性能相符，超出许可范围的不得使用。

搅拌机启动后，应使搅拌筒达到正常转速后进行上料。上料时应及时加水。每次加入的拌合料不得超过搅拌机的额定容量并应减少物料粘罐现象，加料的次序应为石子—水泥—砂子或砂子—水泥—石子。进料时，严禁将头或手伸入料斗与机架之间。运转中，严禁用手或工具伸入搅拌筒内扒料、出料。搅拌机作业中，当料斗升起时，严禁任何人在料斗下停留或通过；当需要在料斗下检修或清理料坑时，应将料斗提升后用铁链或插入销锁住。向搅拌筒内加料应在运转中进行，添加新料应先将搅拌筒内原有的混凝土全部卸出后方可进行。

作业中，应观察机械运转情况，当有异常或轴承温升过高等现象时，应停机检查；当需检修时，应将搅拌筒内的混凝土清除干净，然后再进行检修。加入强制式搅拌机的骨料最大粒径不得超过允许值，并应防止卡料。每次搅拌时，加入搅拌筒的物料不应超过规定的进料容量。强制式搅拌机的搅拌叶片与搅拌筒底及侧壁的间隙，应经常检查并确认符合规定，当间隙超过标准时，应及时调整。当搅拌叶片磨损超过标准时，应及时修补或更换。

作业后，应对搅拌机进行全面清理；当操作人员需进入筒内时，必须切断电源或卸下熔断器，锁好开关箱，挂上“禁止合闸”标牌，并应有专人在外监护。将料斗降落到坑底，当需升起时，应用链条或插销扣牢。冬季作业后，应将水泵、放水开关、量水器中的积水排尽。

搅拌机在场内移动或远距离运输时，应将进料斗提升到上止点，用保险铁链或插销锁住。

三、混凝土搅拌站

混凝土搅拌站的安装，应由专业人员按出厂说明书规定进行，并应在技术人员主持下，组织调试，在各项技术性能指标全部符合规定并经验收合格后，方可投产使用。按搅拌站的技术性能准备合格的砂、石骨料，粒径超出许可范围的不得使用。

作业前检查的项目及要求：

(1)搅拌筒内和各配套机构的传动、运动部位及仓门、斗门、轨道等均无异物卡住；

(2)各润滑油箱的油面高度符合规定；

(3)打开阀门排放气路系统中气水分离器的过多积水，打开贮气筒排污螺塞放出油水混合物；

(4)提升斗或拉铲的钢丝绳安装、卷筒缠绕均正确，钢丝绳及滑轮符合规定，提升料斗及拉铲的制动器灵敏有效；

(5)各部螺栓已紧固，各进、排料阀门无超限磨损，各输送带的张紧度适当，不跑偏；

(6)称量装置的所有控制和显示部分工作正常，其精度符合规定；

(7)各电气装置能有效控制机械动作,各接触点和动、静触头无明显损伤。机组各部分应逐步启动。启动后,各部件运转情况和各仪表指示情况应正常,油、气、水的压力应符合要求,方可开始作业。

作业过程中,在贮料区内和提升斗下,严禁人员进入。搅拌筒启动前应盖好仓盖。机械运转中,严禁将手、脚伸入料斗或搅拌筒探摸。当拉铲被障碍物卡死时,不得强行起拉,不得用拉铲起吊重物,在拉料过程中,不得进行回转操作。搅拌机满载搅拌时不得停机,当发生故障或停电时,应立即切断电源,锁好开关箱,将搅拌筒内的混凝土清除干净,然后排除故障或等待电源恢复。搅拌站各机械不得超载作业;应检查电动机的运转情况,当发现运转声音异常或温升过高时,应立即停机检查;电压过低时不得强制运行。

搅拌机停机前,应先卸载,然后按顺序关闭各部开关和管路。应将螺旋管内的水泥全部输送出来,管内不得残留任何物料。

作业后,应清理搅拌筒、出料门及出料斗,并用水冲洗,同时冲洗附加剂及其供给系统。称量系统的刀座、刀口应清洗干净,并应确保称量精度。

冰冻季节,应放尽水泵、附加剂泵、水箱及附加剂箱内的存水,并应启动水泵和附加剂运转1~2 min。

当搅拌站转移或停用时,应将水箱、附加剂箱、水泥、砂、石贮存料斗及称量斗内的物料排净,并清洗干净。转移中,应将杠杆秤表头平衡砣秤杆固定,传感器应卸载。

四、混凝土搅拌输送车

混凝土搅拌输送车的燃油、润滑油、液压油、制动液、冷却水等应添加充足,质量应符合要求。搅拌筒和滑槽的外观应无裂痕或损伤;滑槽止动器应无松弛和损坏;搅拌筒机架缓冲件应无裂痕或损伤;搅拌叶片磨损应正常。检查动力取出装置并确认无螺栓松动及轴承漏油等现象。

启动内燃机应进行预热运转,各仪表指示值正常,制动气压达到规定值,并应低速旋转搅拌筒3~5 min,确认一切正常后,方可装料。搅拌输送车装料前,应先将搅拌筒反转,使筒内的积水和杂物排尽。装料时,应将操纵杆放在“装料”位置,并调节搅拌筒转速,使进料顺利。

运输前,排料槽应锁止在“行驶”位置,不得自由摆动。运输中,搅拌筒应低速旋转,但不得停转,运送混凝土的时间不得超过规定的时间。搅拌筒由正转变为反转时,应先将操作手柄放在中间位置,待搅拌筒停转后,再将操纵杆手柄放至反转位置。

搅拌运输时,混凝土的装载量不得超过额定容量。搅拌装置连续运转时间不宜超过8 h。

行驶在不平路面或转弯处应降低车速至15 km/h及以下,并暂停搅拌筒旋转。通过桥、洞、门等设施时,不得超过其限制高度及宽度。

水箱的水位应保持正常。冬季停车时,应将水箱和供水系统的积水放尽。

用于搅拌混凝土时,应在搅拌筒内先加入总需水量2/3的水,然后再加入骨料和水泥按出厂说明书规定的转速和时间进行搅拌。

作业后,应先将内燃机熄火,然后对料槽、搅拌筒入口和托轮等处进行冲洗及清除混凝土结块。当需进入搅拌筒清除结块时,必须先取下内燃机电门钥匙,在筒外应设监护人员。

五、混凝土泵

混凝土泵应安放在平整、坚实的地面上,周围不得有障碍物,在放下支腿并调整后应使机身保持水平和稳定，轮胎应楔紧。

泵送管道的敷设应符合下列要求：

(1)水平泵送管道宜直线敷设。

(2)垂直泵送管道不得直接装接在泵的输出口上，应在垂直管前端加装长度不小于20 m的水平管，并在水平管近泵处加装逆止阀。

(3)敷设向下倾斜的管道时，应在输出口上加装一段水平管，其长度不应小于倾斜管高低差的5倍。当倾斜度较大时，应在坡度上端装设排气活阀。

(4)泵送管道应有支承固定，在管道和固定物之间应设置木垫作缓冲，不得直接与钢筋或模板相连，管道与管道间应连接牢靠；管道接头和卡箍应扣牢密封，不得漏浆；不得将已磨损管道装在后端高压区。

(5)泵送管道敷设后，应进行耐压试验。

砂石粒径、水泥等级及配合比应按出厂规定，满足泵机可泵性的要求。

作业前应检查并确认泵机各部螺栓紧固，防护装置齐全可靠，各部位操纵开关、调整手柄、手轮、控制杆、旋塞等均在正确位置，液压系统正常无泄漏，液压油符合规定，搅拌斗内无杂物，上方的保护格网完好无损并盖严。输送管道的管壁厚度应与泵送压力匹配，近泵处应选用优质管子。管道接头、密封圈及弯头等应完好无损。高温烈日下应采用湿麻袋或湿草袋遮盖管路，并应及时浇水降温，寒冷季节应采取保温措施。配备清洗管、清洗用品、接球器及有关装置。开泵前，无关人员应离开管道周围。

启动后，应空载运转，观察各仪表的指示值，检查泵和搅拌装置的运转情况，确认一切正常后，方可作业。泵送前应向料斗加入 10 L 清水和 0.3 m^3 的水泥砂浆润滑泵及管道。

泵送作业中，料斗中的混凝土平面应保持在搅拌轴线以上。料斗格网上不得堆满混凝土，应控制供料流量，及时清除超粒径的骨料及异物，不得随意移动格网。当进入料斗的混凝土有离析现象时应停泵，待搅拌均匀后再泵送。当骨料分离严重，料斗内灰浆明显不足时，应剔除部分骨料，另加砂浆重新搅拌。泵送混凝土应连续作业时，当因供料中断被迫暂停时，停机时间不得超过30 min。暂停时间内应每隔5 ~ 10 min(冬季3 ~ 5 min)作2 ~ 3 个冲程反泵——正泵运动，再次投料泵送前应先将料搅拌。当停泵时间超限时，应排空管道。垂直向上泵送中断后再次泵送时，应先进行反向推送，使分配阀内混凝土吸回料斗，经搅拌后再正向泵送。泵机运转时，严禁将手或铁锹伸入料斗或用手抓握分配阀。当需在料斗或分配阀上工作时，应先关闭电动机和消除蓄能器压力。不得随意调整液压系统压力。当油温超过 70 ℃时，应停止泵送，但仍应使搅拌叶片和风机运转，待降温后再继续运行。水箱内应贮满清水，当水质混浊并有较多砂粒时，应及时检查处理。泵送时，不得开启任何输送管道和液压管道；不得调整、修理正在运转的部件。作业中，应对泵送设备和管路进行观察，发现隐患应及时处理。对磨损超过规定的管子、卡箍、密封圈等应及时更换。应防止管道堵塞。泵送混凝土应搅拌均匀，控制好坍落度；在泵送过程中，不得中途停泵。当出现输送管堵塞时，应进行反泵运转，使混凝土返回料斗；当反泵几次仍不能消除堵塞，应在泵机卸载情况下，拆管排除堵塞。

作业后，应将料斗内和管道内的混凝土全部输出，然后对泵机、料斗、管道等进行冲洗。当用压缩空气冲洗管道时，进气阀不应立即开大，只有当混凝土顺利排出时，方可将进气阀开至最大。在管道出口端前方 10 m 内严禁站人；并应用金属网篮等收集冲出的清洗球和砂石粒。对凝固的混凝土，应采用刮刀清除。将两侧活塞转到清洗室位置，并涂上润滑油。各部位操纵开关、调整手柄、手轮、控制杆、旋塞等均应复位，液压系统应卸载。

六、混凝土泵车

泵车就位地点应平坦坚实,周围无障碍物,上空无高压输电线。泵车不得停放在斜坡上。泵车就位后,应支起支腿并保持机身的水平稳定。当用布料杆送料时,机身倾斜度不得大于3°。就位后,泵车应显示停车灯,避免碰撞。

作业前检查的项目及要求:

(1)燃油、润滑油、液压油、水箱添加充足,轮胎气压符合规定,照明和信号指示灯齐全良好;

(2)液压系统工作正常,管道无泄漏;清洗水泵及设备齐全良好;

(3)搅拌斗内无杂物,料斗上保护格网完好并盖严;

(4)输送管路连接牢固,密封良好。

布料杆所用配管和软管应按出厂说明书的规定选用,不得使用超过规定直径的配管,装接的软管应拴上防脱安全带。伸展布料杆应按出厂说明书的顺序进行。布料杆升离支架后方可回转。严禁用布料杆起吊或拖拉物件。当布料杆处于全伸状态时,不得移动车身。作业中需要移动车身时,应将上段布料杆折叠固定,移动速度不得超过 10 km/h。不得在地面上拖拉布料杆前端软管;严禁延长布料配管和布料杆。当风力在 6 级及以上时,不得使用布料杆输送混凝土。

泵送前,当液压油温度低于 15 ℃时,应采用延长空运转时间的方法提高油温。

泵送时应检查泵和搅拌装置的运转情况,监视各仪表和指示灯,发现异常,应及时停机处理。料斗中混凝土面应保持在搅拌轴中心线以上。作业中,不得取下料斗上的格网,并应及时清除不合格骨料或杂物。泵送中当发现压力表上升到最高值,运转声音发生变化时,应立即停止泵送,并应采用反向运转方法排除管道堵塞;无效时,应拆管清洗。

作业后,应将管道和料斗内的混凝土全部输出,然后对料斗、管道等进行冲洗。当采用压缩空气冲洗管道时,管道出口端前方 10 m 内严禁站人。不得用压缩空气冲洗布料杆配管,布料杆的折叠收缩应按规定顺序进行。各部位操纵开关、调整手柄、手轮、控制杆、旋塞等均应复位,液压系统应卸荷,并应收回支腿,将车停放在安全地带,关闭门窗。冬季应放净存水。

七、插入式振动器

插入式振动器的电动机电源上,应安装漏电保护装置,接地或接零应安全可靠。操作人员应经过用电教育,作业时应穿戴绝缘胶鞋和绝缘手套。电缆线应满足操作所需的长度。电缆线上不得堆压物品或让车辆挤压,严禁用电缆线拖拉或吊挂振动器。振动棒软管不得出现断裂,当软管使用过久使长度增长时,应及时修复或更换。

使用前,应检查各部并确认连接牢固,旋转方向正确。振动器不得在初凝的混凝土、地板、脚手架和干硬的地面上进行试振。在检修或作业间断时,应断开电源。

作业时,振动棒软管的弯曲半径不得小于 500 mm,并不得多于两个弯,操作时应将振动棒垂直地沉入混凝土,不得用力硬插、斜推或让钢筋夹住棒头,也不得全部插入混凝土中,插入深度不应超过棒长的 3/4,不宜触及钢筋、芯管及预埋件。

作业停止需移动振动器时,应先关闭电动机,再切断电源。不得用软管拖拉电动机。

作业完毕,应将电动机、软管、振动棒清理干净,并应按规定要求进行保养作业。振动器存放时,不得堆压软管,应平直放好,并应对电动机采取防潮措施。

八、附着式、平板式振动器

附着式、平板式振动器轴承不应承受轴向力，在使用时，电动机轴应保持水平状态。在一个模板上同时使用多台附着式振动器时，各振动器的频率应保持一致，相对面的振动器应错开安装。

作业前，应对附着式振动器进行检查和试振。试振不得在干硬土或硬质物体上进行。安装在搅拌站料仓上的振动器，应安置橡胶垫。

安装时，振动器底板安装螺孔的位置应正确，应防止底脚螺栓安装扭斜而使机壳受损。底脚螺栓应紧固，各螺栓的紧固程度应一致。

使用时，引出电缆线不得拉得过紧，更不得断裂。作业时，应随时观察电气设备的漏电保护器和接地或接零装置并确认合格。附着式振动器安装在混凝土模板上时，每次振动时间不应超过 1 min，当混凝土在模内泛浆流动或成水平状即可停振，不得在混凝土初凝状态时再振。装置振动器的构件模板应坚固牢靠，其面积应与振动器额定振动面积相适应。平板式振动器作业时，应使平板与混凝土保持接触，使振波有效地振实混凝土，待表面出浆，不再下沉后，即可缓慢向前移动，移动速度应能保证混凝土振实出浆。在振的振动器，不得搁置在已凝或初凝的混凝土上。

九、液压滑升设备

根据施工要求和滑模总载荷，合理选用千斤顶型号和配备台数，并应按千斤顶型号选用相应的爬杆和滑升机件。千斤顶应经 12 MPa 以上的耐压试验。同一批组装的千斤顶在相同载荷作用下，其行程应一致，用行程调整帽调整后，行程允许误差为 2 mm。千斤顶与操作平台固定时，应使油管接头与软管连接成直线。液压软管不得扭曲，应有较大的弧度。自动控制台应置于不受雨淋、曝晒和强烈振动的地方，应根据当地的气温，调节作业时的油温。

作业前，应检查并确认各油管接头连接牢固、无渗漏，油箱油位适当，电器部分不漏电，接地或接零可靠。所有千斤顶安装完毕未插入爬杆前，应逐个进行抗压试验和行程调整及排气等工作。按出厂规定的操作程序操纵控制台，对自动控制器的时间继电器应进行延时调整。用手动控制器操作时，应与作业人员密切配合，听从统一指挥。

在滑升过程中，应保证操作平台与模板的水平上升，不得倾斜，操作平台的载荷应均匀分布，并应及时调整各千斤顶的升高值，使之保持一致。

在寒冷季节使用时，液压油温度不得低于 10 ℃；在炎热季节使用时，液压油温度不得超过 60 ℃。

经常保持千斤顶的清洁；混凝土沿爬杆流入千斤顶内时，应及时清理。

作业后，应切断总电源，清除千斤顶上的附着物。

第七节　钢筋加工机械安全技术

一、基本要求

机械的安装应坚实稳固，保持水平位置。固定式机械应有可靠的基础；移动式机械作业时应楔紧行走轮。室外作业应设置机棚，机旁应有堆放原料、半成品的场地。加工较长的钢筋时，应有专人帮扶，并听从操作人员指挥，不得任意推拉。作业后，应堆放好成品，清理场地，切断电源，锁好开关箱，做好润滑工作。

二、钢筋调直切断机

料架、料槽应安装平直，并应对准导向筒、调直筒和下切刀孔的中心线。应用手转动飞轮，检查传动机构和工作装置，调整间隙，紧固螺栓，确认正常后，启动空运转，并应检查轴承无异响，齿轮啮合良好，运转正常后，方可作业。按调直钢筋的直径，选用适当的调直块及传动速度。调直块的孔径应比钢筋直径大 2 ~5 mm，传动速度应根据钢筋直径选用，直径大的宜选用慢速，经调试合格，方可送料。在调直块未固定、防护罩未盖好前不得送料。作业中严禁打开各部防护罩并调整间隙。

送料前，应将不直的钢筋端头切除。导向筒前应安装一根 1 m 长的钢管，钢筋应先穿过钢管再送入调直前端的导孔内。当钢筋送入后，手与曳轮应保持一定的距离，不得接近。

经过调直后的钢筋如仍有慢弯，可逐渐加大调直块的偏移量，直到调直为止。

切断 3 ~4 根钢筋后，应停机检查其长度，当超过允许偏差时，应调整限位开关或定尺板。

三、钢筋切断机

接送料的工作台面应和切刀下部保持水平，工作台的长度可根据加工材料长度确定。

启动前，应检查并确认切刀无裂纹，刀架螺栓紧固，防护罩牢靠。然后用手转动皮带轮，检查齿轮啮合间隙，调整切刀间隙。启动后，应先空运转，检查各传动部分及轴承运转正常后，方可作业。机械未达到正常转速时，不得切料。切料时，应使用切刀的中、下部位，紧握钢筋对准刃口迅速投入，操作者应站在固定刀片一侧用力压住钢筋，应防止钢筋末端弹出伤人。严禁用两手分在刀片两边握住钢筋俯身送料。不得剪切直径及强度超过机械铭牌规定的钢筋和烧红的钢筋。一次切断多根钢筋时，其总截面积应在规定范围内。剪切低合金钢时，应更换高硬度切刀，剪切直径应符合机械铭牌规定。

切断短料时，手和切刀之间的距离应保持在 150 mm 以上，如手握端小于 400 mm 时，应采用套管或夹具将钢筋短头压住或夹牢。

运转中，严禁用手直接清除切刀附近的断头和杂物。钢筋摆动周围和切刀周围，不得停留非操作人员。当发现机械运转不正常、有异常响声或切刀歪斜时，应立即停机检修。

作业后，应切断电源，用钢刷清除切刀间的杂物，进行整机清洁润滑。

液压传动式切断机作业前，应检查并确认液压油位及电动机旋转方向符合要求。启动后，应空载运转，松开放油阀，排尽液压缸体内的空气，方可进行切筋。手动液压式切断机使用前，应将放油阀按顺时针方向旋紧，切割完毕后，应立即按逆时针方向旋松。作业中，手应持稳切断机，并戴好绝缘手套。

四、钢筋弯曲机

工作台和弯曲机台面应保持水平，作业前应准备好各种芯轴及工具。按加工钢筋的直径和弯曲半径的要求，装好相应规格的芯轴和成型轴、挡铁轴。芯轴直径应为钢筋直径的 2.5 倍。挡铁轴应有轴套。挡铁轴的直径和强度不得小于被弯钢筋的直径和强度。不直的钢筋，不得在弯曲机上弯曲。检查并确认芯轴、挡铁轴、转盘等无裂纹和损伤，防护罩坚固可靠，空载运转正常后，方可作业。

作业时,应将钢筋需弯一端插入在转盘固定销的间隙内,另一端紧靠机身固定销,并用手压紧;应检查机身固定销并确认安放在挡住钢筋的一侧,方可开动。作业中,严禁更换轴芯、销子和变换角度以及调速,也不得进行清扫和加油。对超过机械铭牌规定直径的钢筋严禁进行弯曲。在弯曲未经冷拉或带有锈皮的钢筋时,应戴防护镜。弯曲高强度或低合金钢筋时,应按机械铭牌规定换算最大允许直径并应调换相应的芯轴。在弯曲钢筋的作业半径内和机身不设固定销的一侧严禁站人。弯曲好的半成品,应堆放整齐,弯钩不得朝上。转盘换向时,应待停稳后进行。

作业后,应及时清除转盘及插入座孔内的铁锈、杂物等。

五、钢筋冷拉机

应根据冷拉钢筋的直径,合理选用卷扬机。卷扬钢丝绳应经封闭式导向滑轮并和被拉钢筋水平方向成直角。卷扬机的位置应使操作人员能见到全部冷拉场地,卷扬机与冷拉中线距离不得少于5 m。冷拉场地应在两端地锚外侧设置警戒区,并应安装防护栏及警告标志。无关人员不得在此停留。操作人员在作业时必须离开钢筋2 m以外。用配重控制的设备应与滑轮匹配,并应有指示起落的记号,没有指示记号时应有专人指挥。配重框提起时高度应限制在离地面300 mm以内,配重架四周应有栏杆及警告标志。

作业前,应检查冷拉夹具,夹齿应完好,滑轮、拖拉小车应润滑灵活,拉钩、地锚及防护装置均应齐全牢固。确认良好后,方可作业。卷扬机操作人员必须看到指挥人员发出信号,并待所有人员离开危险区后方可作业。冷拉应缓慢、均匀。当有停车信号或见到有人进入危险区时,应立即停拉,并稍稍放松卷扬钢丝绳。用延伸率控制的装置,应装设明显的限位标志,并应有专人负责指挥。

夜间作业的照明设施,应装设在张拉危险区外。当需要装设在场地上空时,其高度应超过5 m。灯泡应加防护罩,导线严禁采用裸线。

作业后,应放松卷扬钢丝绳,落下配重,切断电源,锁好开关箱。

六、钢筋冷挤压连接机

有下列情况之一时,应对挤压机的挤压力进行标定:

(1)新挤压设备使用前;

(2)旧挤压设备大修后;

(3)油压表受损或强烈振动后;

(4)套筒压痕异常且查不出其他原因时;

(5)挤压设备使用超过一年;

(6)挤压的接头数超过5 000个。

设备使用前后的拆装过程中,超高压油管两端的接头及压接钳、换向阀的进出油接头,应保持清洁,并应及时用专用防尘帽封好。超高压油管的弯曲半径不得小于250 mm,扣压接头处不得扭转,且不得有死弯。压模、套筒与钢筋应相互配套使用,压模上应有相对应的连接钢筋规格标记。

挤压前的准备工作应符合下列要求:

(1)钢筋端头的锈、泥沙、油污等杂物应清理干净。

(2)钢筋与套筒应先进行试套,当钢筋有马碲、弯折或纵肋尺寸过大时,应预先进行矫正或用砂轮打磨;不同直径钢筋的套筒不得串用。

(3)钢筋端部应划出定位标记与检查标记,定位标记与钢筋端头的距离应为套筒长度的一半,检查标记与定位标记的距离宜为20 mm。

(4)检查挤压设备情况,应进行试压,符合要求后方可作业。

挤压操作应符合下列要求:

(1)钢筋挤压连接宜先在地面上挤压一端套筒,在施工作业区插入待接钢筋后再挤压另一端套筒;

(2)压接钳就位时,应对准套筒压痕位置的标记,并应与钢筋轴线保持垂直;

(3)挤压顺序宜从套筒中部开始,并逐渐向端部挤压;

(4)挤压作业人员不得随意改变挤压力、压接道数或挤压顺序。

作业后,应收拾好成品、套筒和压模,清理场地,切断电源,锁好开关箱,最后将挤压机和挤压钳放到指定地点。

第八节 钣金和管工机械安全技术

一、基本要求

钣金和管工机械上的刃具、胎、模具等强度和精度应符合要求,刃磨锋利,安装稳固,紧固可靠。钣金和管工机械上的传动部分应设有防护罩,作业时,严禁拆卸。机械均应安装在机棚内。

作业时,非操作和辅助人员不得在机械四周停留观看。作业后,应切断电源,锁好电闸箱,并做好日常保养工作。

二、圆盘下料机

圆盘下料机下料的直径、厚度等不得超过机械出厂铭牌规定,下料前应先将整板切割成方块料,在机旁堆放整齐。下料机应安装在稳固的基础上。

作业前,应检查并确认各传动部件连接牢固可靠,先空运转,确认正常后,方可开始作业。当作业开始需对上、下刀刃时,应先手动盘车,将上下刀刃的间隙调整到板厚的1.2倍,再开机试切。应经多次调整到被切的圆形板无毛刺时,方可批量下料。作业后,应对下料机进行清洁保养工作,并应清除边角料,保持现场整洁。

三、折 板 机

折板机应安装在稳固的基础上。

作业前,应检查电气设备、液压装置及各紧固件,确认完好后,方可开机。

作业时,应先校对模具,预留被折板厚的1.5~2倍间隙,经试折后,检查机械和模具装备均无误,再调整到折板规定的间隙,方可正式作业。

作业中,应经常检查上模具的紧固件和液压缸,当发现有松动或泄漏等情况,应立即停机,处理后,方可继续作业。

批量生产时,应使用后标尺挡板进行对准和调整尺寸,并应空载运转,检查及确认其摆动灵活可靠。

四、套丝切管机

套丝切管机应安放在稳固的基础上。应先空载运转，进行检查、调整，确认运转正常，方可作业。按加工管径选用板牙头和板牙，板牙应按顺序放入，作业时应采用润滑油润滑板牙。当工件伸出卡盘端面的长度过长时，后部应加装辅助托架，并调整好高度。切断作业时，不得在旋转手柄上加长力臂；切平管端时，不得进刀过快。当加工件的管径或椭圆度较大时，应两次进刀。作业中应采用刷子清除切屑，不得敲打震落。

五、弯 管 机

作业场所应设置围栏。

作业前，应先空载运转，确认正常后，再套模弯管。按加工管径选用管模，并应按顺序放好。不得在管子和管模之间加油。夹紧机件，导板支承机构应按弯管的方向及时进行换向。

第九节　铆焊设备安全技术

一、基本要求

铆焊设备上的电器、内燃机、电机、空气压缩机等应有完整的防护外壳，一、二次接线柱处应有保护罩。焊接操作及配合人员必须按规定穿戴劳动防护用品。并必须采取防止触电、高空坠落、瓦斯中毒和火灾等事故的安全措施。现场使用的电焊机，应设有防雨、防潮、防晒的机棚，并应装设相应的消防器材。施焊现场 10 m 范围内，不得堆放油类、木材、氧气瓶、乙炔发生器等易燃、易爆物品。

当长期停用的电焊机恢复使用时，其绝缘电阻不得小于 0.5 MΩ，接线部分不得有腐蚀和受潮现象。

电焊机导线应具有良好的绝缘，绝缘电阻不得小于 1 MΩ，不得将电焊机导线放在高温物体附近。电焊机导线和接地线不得搭在易燃、易爆和带有热源的物品上，接地线不得接在管道、机械设备和建筑物金属构架或轨道上，接地电阻不得大于 4 Ω。严禁利用建筑物的金属结构、管道、轨道或其他金属物体搭接起来形成焊接回路。电焊钳应有良好的绝缘和隔热能力。电焊钳握柄必须绝缘良好，握柄与导线连接应牢靠，接触良好，连接处应采用绝缘布包好并不得外露。操作人员不得用胳膊夹持电焊钳。电焊导线长度不宜大于 30 m。当需要加长导线时，应相应增加导线的截面。当导线通过道路时，必须架高或穿入防护管内埋设在地下；当通过轨道时，必须从轨道下面通过。当导线绝缘受损或断股时，应立即更换。

对承压状态的压力容器及管道、带电设备、承载结构的受力部位和装有易燃、易爆物品的容器严禁进行焊接和切割。当需施焊受压容器、密封容器、油桶、管道、沾有可燃气体和溶液的工件时，应先清除容器及管道内压力，消除可燃气体和溶液，然后冲洗有毒、有害、易燃物质；对存有残余油脂的容器，应先用蒸汽、碱水冲洗，并打开盖口，确认容器清洗干净后，再灌满清水方可进行焊接。在容器内焊接应采取防止触电、中毒和窒息的措施。焊、割密封容器应留出气孔，必要时在进、出气口处装设通风设备；容器内照明电压不得超过 12 V，焊工与焊件间应绝缘；容器外应设专人监护。严禁在已喷涂过油漆和塑料的容器内焊接。

焊接铜、铝、锌、锡等有色金属时，应通风良好，焊接人员应戴防毒面罩、呼吸滤清器或采取其他防毒措施。

当焊接预热焊件温度达150～700 ℃时，应设挡板隔离焊件发出的辐射热，焊接人员应穿戴隔热的石棉服装和鞋、帽等。应按电焊机额定焊接电流和暂载率操作，严禁过载。在载荷运行中，应经常检查电焊机的温升，当温升超过A级60 ℃、B级80 ℃时，必须停止运转并采取降温措施。

高空焊接或切割时，必须系好安全带，焊接周围和下方应采取防火措施，并应有专人监护。当清除焊缝焊渣时，应戴防护眼镜，头部应避开敲击焊渣飞溅方向。

雨天不得在露天电焊。在潮湿地带作业时，操作人员应站在铺有绝缘物品的地方，并应穿绝缘鞋。

二、风动铆接工具

风动铆接工具使用时风压应为0.7 MPa，最低不得小于0.5 MPa。各种规格的风管的耐风压应为0.8 MPa及以上，各种管接头应无泄漏。使用各类风动工具前，应先用汽油浸泡、拆检清洗每个部件呈金属光泽，再用干布、棉纱擦拭干净后，方可组装。组装时，运动部分均应滴入适量润滑油保持工作机构干净和润滑良好。

风动铆钉枪使用前应先上好窝头，用铁丝将窝头沟槽在风枪口留出运动量后，并与风枪上的原铁丝连接绑扎牢固，方可使用。风动铆钉枪作业时，操作的两人应密切配合，明确手势及喊话。开始作业前，应至少作两次假动作试铆，确认无误后，方可开始作业。

在作业中严禁随意开风门（放空枪）或铆冷钉。

使用风钻时，应先用铣孔工具，根据原钉孔大小选配铣刀，其规格不得大于孔径。风钻钻孔时，钻头中心应与钻孔中心对正后方可开钻。

加压杠钻孔时，作业的两人应密切配合，压杠人员应听从握钻人员的指挥，不得随意加压。

风动工具使用完毕，应将工具清洗后干燥保管，各种风管及刃具均应盘好后入库保管，不得随意堆放。

三、电动液压铆接钳

作业前，应检查并确认各部螺栓无松动，高压油泵转动方向正确。应先空载运转，确认正常后，方可作业。在空载情况下，不得开启液压开关。不得使用扭曲的高压油管。安装铆钉时，不得按动手柄的开关。应随时观察工作压力。工作压力不得超过额定值。

四、交流电焊机

使用前，应检查并确认初、次级线接线正确，输入电压符合电焊机的铭牌规定，接通电源后，严禁接触初级线路的带电部分。次级抽头连接铜板应压紧，接线桩应有垫圈。合闸前，应详细检查接线螺帽、螺栓及其他部件并确认完好齐全、无松动或损坏。

多台电焊机集中使用时，应分接在三相电源网络上，使三相负载平衡。多台焊机的接地装置，应分别由接地极处引接，不得串联。

移动电焊机时，应切断电源，不得用拖拉电缆的方法移动焊机。当焊接中突然停电时，应立即切断电源。

五、硅整流直流焊机

焊机应在出厂说明书要求的条件下作业。

使用前,应检查并确认硅整流元件与散热片连接紧固,各接线端头紧固。使用时,应先开启风扇电机,电压表指示值应正常,风扇电机无异响。

硅整流直流电焊机主变压器的次级线圈和控制变压器的次级线圈严禁用摇表测试。硅整流元件应进行保护和冷却。当发现整流元件损坏时,应查明原因,排除故障后,方可更换新件。整流元件和有关电子线路应保持清洁和干燥。启用长期停用的焊机时,应空载通电一定时间进行干燥处理。

搬运由高导磁材料制成的磁放大铁芯时,应防止强烈震击引起磁能恶化。

停机后,应清洁硅整流器及其他部件。

六、埋弧焊机

作业前,应检查并确认各部分导线连接良好,控制箱的外壳和接线板上的罩壳盖好。检查并确认送丝滚轮的沟槽及齿纹完好,滚轮、导电嘴(块)磨损或接触不良时应更换。检查减速箱油槽中的润滑油,不足时应添加。软管式送丝机构的软管槽孔应保持清洁,并定期吹洗。

作业时,应及时排走焊接中产生的有害气体,在通风不良的舱室或容器内作业时,应安装通风设备。

七、竖向钢筋电渣压力焊机

应根据施焊钢筋直径选择具有足够输出电流的电焊机。电源电缆和控制电缆连接应正确、牢固。控制箱的外壳应牢靠接地。

施焊前,应检查供电电压并确认正常,当一次电压降大于8%时,不宜焊接。焊接导线长度不得大于30 m,截面面积不得小于50 mm^2。检查并确认电源及控制电路正常,定时准确,误差不大于5%,机具的传动系统、夹装系统及焊钳的转动部分灵活自如,焊剂已干燥,所需附件齐全。按所焊钢筋的直径,根据参数表,标定好所需的电源和时间。一般情况下,时间(s)可为钢筋的直径数(mm),电流(A)可为钢筋直径的20倍数(mm)。

起弧前,上、下钢筋应对齐,钢筋端头应接触良好。对锈蚀粘有水泥的钢筋,应要用钢丝刷清除,并保证导电良好。

施焊过程中,应随时检查焊接质量。当发现倾斜、偏心、未熔合、有气孔等现象时,应重新施焊。

每个接头焊完后,应停留5~6 min保温;寒冷季节应适当延长。当拆下机具时,应扶住钢筋,过热的接头不得过于受力。焊渣应待完全冷却后清除。

八、点 焊 机

作业前,应清除上、下两电极的油污。通电后,机体外壳应无漏电。

启动前,应先接通控制线路的转向开关和焊接电流的小开关,调整好极数,再接通水源、气源,最后接通电源。焊机通电后,应检查电气设备、操作机构、冷却系统、气路系统及机体外壳有无漏电现象。电极触头应保持光洁。有漏电时,应立即更换。

作业时,气路、水冷系统应畅通。气体应保持干燥。排水温度不得超过40 ℃,排水量可根据气温调节。严禁在引燃电路中加大熔断器。当负载过小,引燃管内电弧不能发生时,不得闭合控制箱的引燃电路。

当控制箱长期停用时,每月应通电加热 30 min。更换闸流管时应预热 30 min。正常工作的控制箱的预热时间不得小于 5 min。

九、气焊设备

一次加电石 10 kg 或每小时产生 5 m^3 乙炔气的乙炔发生器应采用固定式,并应建立乙炔站(房),由专人操作。乙炔站与厂房及其他建筑物的距离应符合现行国家标准《乙炔站设计规范》(GB 50031)及《建筑设计防火规范》(GB J16)的有关规定。乙炔发生器(站)、氧气瓶及软管、阀、表均应齐全有效,紧固牢靠,不得松动、破损和漏气。氧气瓶及其附件、胶管、工具不得沾染油污。软管接头不得采用铜质材料制作。乙炔发生器、氧气瓶和焊炬相互间的距离不得小于 10 m。当不满足上述要求时,应采取隔离措施。同一地点有两个以上乙炔发生器时,其相互间距不得小于 10 m。电石的贮存地点应干燥,通风良好,室内不得有明火或敷设水管、水箱。电石桶应密封,桶上应标明"电石桶"和"严禁用水消火"等字样。电石有轻微的受潮时,应轻轻取出电石,不得倾倒。搬运电石桶时,应打开桶上小盖。严禁用金属工具敲击桶盖,取装电石和砸碎电石时,操作人员应戴手套、口罩和眼镜。乙炔发生器的压力应保持正常,压力超过 147 kPa 时应停用。乙炔发生器的用水应为饮用水。发气室内壁不得用含铜或含银材料制作,温度不得超过 80 ℃。对水入式发生器,其冷却水温不得超过 50 ℃;对浮桶式发生器,其冷却水温不得超过 60 ℃。当温度超过规定时应停止作业,并采用冷水喷射降温和加入低温的冷却水。不得以金属棒等硬物敲击乙炔发生器的金属部分。使用浮筒式乙炔发生器时,应装设回火防止器。在内筒顶部中间,应设有防爆球或胶皮薄膜,球壁或膜壁厚度不得大于 1 mm,其面积应为内筒底面积的 60% 以上。乙炔发生器应放在操作地点的上风处,并应有良好的散热条件,不得放在供电电线的下方,亦不得放在强烈日光下曝晒。四周应设围栏,并应悬挂"严禁烟火"标志。

电石起火时必须用干砂或二氧化碳灭火器,严禁用泡沫、四氯化碳灭火器或水灭火。电石粒末应在露天销毁。

使用新品种电石前,应作温水浸试,在确认无爆炸危险时,方可使用。

碎电石应在掺入小块电石后装入乙炔发生器中使用,不得完全使用碎电石。夜间添加电石时不得采用明火照明。

氧气橡胶软管应为红色,工作压力应为 1 500 kPa;乙炔橡胶软管应为黑色,工作压力应为 300 kPa。新橡胶软管应经压力试验。未经压力试验或代用品及变质、老化、脆裂、漏气及沾上油脂的胶管均不得使用。不得将橡胶软管放在高温管道和电线上,或将重物及热的物件压在软管上,且不得将软管与电焊用的导线敷设在一起。软管经过车行道时,应加护套或盖板。

氧气瓶应与其他易燃气瓶、油脂和其他易燃、易爆物品分别存放,且不得同车运输。氧气瓶应有防震圈和安全帽;不得倒置;不得在强烈日光下曝晒。不得用行车或吊车吊运氧气瓶。开启氧气瓶阀门时,应采用专用工具,动作应缓慢,不得面对减压器,压力表指针应灵敏正常。氧气瓶中的氧气不得全部用尽,应留 49 kPa 以上的剩余压力。未安装减压器的氧气瓶严禁使用。安装减压器时,应先检查氧气瓶阀门接头,不得有油脂,并略开氧气瓶阀门吹除污垢,然后安装减压器,操作者不得正对氧气瓶阀门出气口,关闭氧气瓶阀门时,应无松开减压器的活门螺丝。

点燃焊(割)炬时,应先开乙炔阀点火,再开氧气阀调整火。关闭时,应先关闭乙炔阀,再关闭氧气阀。

在作业中,发现氧气瓶阀门失灵或损坏不能关闭时,应让瓶内的氧气自动放尽后,再进行拆卸修理。

当乙炔发生器因漏气着火燃烧时,应立即将乙炔发生器朝安全方向推倒,并用黄沙扑灭火种,不得堵塞或拔出浮筒。

乙炔软管、氧气软管不得错装。使用中,当氧气软管着火时,不得折弯软管断气,应迅速关闭氧气阀门,停止供氧。当乙炔软管着火时,应先关熄炬火,可采用弯折前面一段软管将火熄灭。不得将橡胶软管背在背上操作。当焊枪内带有乙炔、氧气时不得放在金属管、槽、罐、箱内。

冬季在露天施工,当软管和回火防止器冻结时,可用热水或在暖气设备下化冻。严禁用火焰烘烤。

氢氧并用时,应先开乙炔气,再开氢气,最后开氧气,再点燃。熄灭火时,应先关氧气,再关氢气,最后关乙炔气。

作业后,应卸下减压器,拧上气瓶安全帽,将软管卷起捆好,挂在室内干燥处,并将乙炔发生器卸压,放水后取出电石篮,剩余电石和电石滓,应分别放在指定的地方。

复习思考题

1. 建筑机械安全使用的一般规定是什么?
2. 起重吊装机械安全的基本要求是什么?
3. 塔式起重机的类型有哪些?
4. 简述塔式起重机的工作机构和安全装置。
5. 塔式起重机的附着锚固应符合哪些要求?
6. 门式、桥式起重机作业前重点检查哪些项目,并应符合哪些要求?
7. 升降机作业前重点检查哪些项目,并应符合哪些要求?
8. 混凝土搅拌机作业前重点检查哪些项目,并应符合哪些要求?

第六章
高处作业施工的安全技术

高处作业是从相对高度的概念出发的。根据国家标准《高处作业分级》(GB 3608—1983)的规定,凡在有可能坠落的高处进行施工作业时,当坠落高度距离基准面在2 m及2 m以上时,该项作业即称为高处作业。所谓基准面,即坠落下去的底面,如地面、楼面、楼梯平台、相邻较低建筑物的屋面,基坑的底面、脚手架的通道板等等。底面可能高低不平,所以对基准面的规定为,发生坠落通过最低坠落点的水平面。这最低坠落着落点,指的是在坠落中可能跌落到的最低点。由于牵涉到人身安全,因此,作出这种严格的规定是非常必要的。与此相反,如果处于四周封闭状态,那么,即使在高空,例如在高层建筑的居室内作业,也不能算为高处作业。按照上述的定义,建筑施工中有90%左右的作业,都可称为高处作业。这些高处作业基本上分为三大类,即临边作业、洞口作业及独立悬空作业。进行各项高处作业,都必须做好各种必要的安全防护技术措施。

第一节　高处作业的一般规定

高处作业应符合下列规定:

(1)高处作业的安全技术措施及其所用料具,必须列入工程的施工组织设计;单位工程的施工负责人应对工程的高处作业安全技术负责并建立相应的安全责任制。施工前,应逐级进行安全技术教育及交底,落实所有的安全技术措施和人身防护用品,未经落实不得进行施工。

(2)施工现场所有高处作业,都必须按有关规定设置相应的安全防护设施。

(3)施工作业场所有坠落可能的物料,应予以撤除或加以固定。

(4)施工用具拆除后,临时堆放处离楼层边缘不应小于1 m,堆放高度不得超过1 m。楼层边口、通道口、脚手架边缘等处严禁堆放任何拆下的物件。

(5)高处作业安全设施的主要受力杆件,应按现行国家标准计算其强度和挠度,构造也应符合有关规范要求。

第二节　临边和洞口作业

一、临边作业的防护

施工现场内任何场所,当工作面的边缘无围护设施,人与物有各种坠落可能的高处作业,均属于临边作业。若围护设施如窗台、墙等,其高度低于80 cm时,近旁的作业亦属临边作业,包括屋面边、楼板边、阳台边、基坑边等。

临边作业的安全防护,主要为设置防护栏杆,也有其他防护措施,大致可分以下三类:

(1)设置防护栏杆。所有高处的临边,都必须设置临时防护栏杆。地面基坑周边,无外脚手架的楼面与屋面周边,分层施工的楼梯口与楼段边,尚未安装栏杆或栏板的阳台、料台周边,挑平台周边;雨篷与挑檐边、井架、施工用电梯、外脚手架等通向建筑物的通道的两侧边,以及水箱与水塔周边等处,均应设置防护栏杆,顶层的楼梯口,应随工程结构的进度而安装正式栏杆。由于此时,结构施工接近完成,这样做可以节约工时和材料。

(2)架设安全网。高度超过 3.2 m 的楼层周边,以及首层墙高度超过 3.2 m 时的二层楼面周边,当无外脚手架时,必须在外围边缘架设一道安全平网。当临边的一侧面临街道时,除设置防护栏杆外,敞口立面还必须采取满挂安全网或其他可靠措施做全封闭处理。

(3)装设安全门。各种垂直运输用的平台、楼层边缘接料口等处,除搭设防护栏杆外,还应装设安全门或活动栏杆。

二、洞口作业的防护

建筑物或构筑物在施工过程中,常常会出现各种预留洞口、通道口、上料口、楼梯口、电梯井口,在其附近工作,称为洞口作业。通常将较小的洞口称为孔,较大的称为洞。并规定为:楼板、屋面、平台面等横向平面上,短边尺寸小于 25 cm 的,以及墙上等竖向平面上,高度小于 75 cm的称孔。横向平面上,短边尺寸大于25 cm时,竖向平面上高度大于75 cm,宽度大于45 cm的称洞。凡深度大于2 m的桩孔、人孔、沟槽及管道孔洞等边缘上的施工作业,亦归入洞口作业的范围。

洞口作业的安全防护,根据不同类型,可按下列六类方式进行:

(1)各种板和墙的孔口和洞口,必须视具体情况分别设置牢固的盖板、防护栏杆、安全网或其他防坠落的防护设施。

(2)各种预留洞口、桩孔上口,杯形、条形基础上口,未回填的坑槽,以及人孔、天窗等平面洞口处,均应设置稳固的盖板或用钢筋做成防护网并采取固定措施,防止人、物坠落。无法设盖板时必须装设临时防护栏杆,洞口下方张设安全网。设于车辆行驶道路旁的洞、坑、沟、槽上的盖板,必须能承受不小于当地额定卡车后轮有效承载力 2 倍的荷载。

(3)电梯井口必须设防栏杆或固定栅门。电梯井内应每隔两层并最多隔 10 m 设一道安全平网。

(4)未安装踏步的楼梯口应像预留洞口一样覆盖。安装踏步后,楼梯边应设防护栏杆,或者用正式工程的楼梯栏杆代替临时防护栏杆。

(5)各类通道口、上料口的上方,必须设置防护棚,其尺寸大小及强度要求可视具体情况而定,但必须达到使在下面通行或工作的人员,不受任何落物的伤害。

(6)施工现场大的坑槽、陡坡等处,除需设置防护设施与安全标志外,夜间还应设红灯示警。

三、临时防护栏杆的构造形式及连接

临时防护栏杆应由上、下两道横杆及栏杆立柱组成,上杆离地高度为 1.0 ~1.2 m,下杆高度应为 0.5 ~0.6 m。坡度大于 1∶2.2 的屋面,防护栏杆应高于 1.5 m,并加挂安全网。除经设计计算外,栏杆立柱间距应不大于 2 m。

防护栏杆立柱的固定及与横杆的连接要牢固,其整体构造应使防护栏杆在上杆任何处能经受任何方向 1 000 N 的外力。

防护栏杆必须自上而下用安全立网封闭，或在栏杆下边设置严密、固定、不低于 180 mm 的挡脚板。挡脚板下边距离底面的空隙不应大于 10 mm。

第三节　攀登与悬空作业

施工现场，在周边临空的状态下进行作业，当高度不小于 2 m 时，属于悬空高处作业。悬空高处作业的法定定义是："在无立足点或无牢靠立足点的条件下，进行的高处作业统称为悬空高处作业"。因为悬空作业尚无立足点，所以必须适当建立牢靠的立足点，如搭设操作平台、脚手架或吊篮等等，方可进行施工。

攀登与悬空作业的一般要求：在施工组织设计中应确定用于现场作业的登高和攀登设施。从事攀登与悬空作业的人员，必须经过专业技术培训及专业考试合格，并应定期进行体格检查。除应按规定配齐安全防护设备外，还应视具体情况配置相应的安全防护设施。悬空作业处应设立牢靠的立足点，并视具体情况，配置防护栏网、栏杆或其他安全设施。

攀登作业应遵守下列规定：

(1) 现场登高应借助建筑结构或脚手架上的上下通道等登高设施，也可采用载人的垂直运输设备或梯子等设施。

(2) 使用梯子时梯脚底部应坚实，不得有缺档，不得垫高使用，如确需接长使用，必须有可靠的连接措施，且接头不得超过 1 处。移动式梯子应注意防滑。

(3) 任何登高用具，其构造必须牢固可靠，供人上、下的踏板其使用荷载不应大于1 100 N，否则应进行验算。

悬空作业应遵守下列规定：

(1) 悬空作业必须有牢靠的立足点。悬空作业所用的索具、脚手板、吊篮、吊笼、平台等设备，均需经过技术鉴定或检证方可使用。

(2) 在作业扶手、脚手架等设施没有架设好的情况下从事悬空作业时，应佩戴好安全带，安全带应悬挂在牢靠处。

(3) 凡能在地面组装的构件，应尽量在地面完成组装，并应同时搭设悬空作业用的安全防护设施。

构件吊装和管道安装时的悬空作业必须遵守下列规定：

(1) 钢结构的吊装，构件应尽可能在地面组装，并应搭设进行临时固定、电焊、高强螺栓连接等工序的高空安全设施，随构件同时上吊就位。拆卸时的安全措施，亦应一并考虑和落实。高空吊装预应力钢筋混凝土屋架、桁架等大型构件前，也应搭设悬空作业中所需的安全设施。

(2) 悬空安装大模板、吊装第一块预制构件、吊装单独的大中型预制构件时，必须站在操作平台上操作。吊装中的大模板和预制构件上严禁站人和行走。

(3) 安装管道时必须有已完结构或操作平台为立足点，严禁在安装中的管道上站立和行走。

模板支撑和拆卸时的悬空作业，必须遵守下列规定：

(1) 支模应按规定的作业程序进行，模板固定前不得进行下一道工序。严禁在连接件和支撑件上攀登上下，并严禁在上下同一垂直面上装、拆模板。结构复杂的模板，装、拆应严格按照施工组织设计的措施进行。

(2) 支设高度在 3 m 以上的柱模板，四周应设斜撑，并应设立操作平台。低于 3 m 的可使用马凳操作。

(3)支设悬挑形式的模板时,应有稳固的立足点。支设临空构筑物模板时,应搭设支架或脚手架。模板上有预留洞时,应在安装后将洞盖好。混凝土板上拆模后形成的临边或洞口,应按规定进行防护。拆模高处作业,应配置登高用具或搭设支架。

当出现交叉作业时,交叉作业的安全管理要求有:

(1)进行上、下交叉作业时,不得在同一垂直方向上操作,下层作业人员的位置必须在上层高度确定的可能坠落范围之外,否则应设置安全防护层。

(2)钢模板、脚手架等拆除时,其下方严禁有其他作业人员。

(3)钢模板构件拆除后,临时堆放于离楼层边缘不小于1 m处,堆放高度不得超过1 m。楼层边口、通道口、脚手架边缘等处,严禁堆放任何拆下的物件。

(4)结构施工自二层起,凡人员进出的通道口必须搭设可靠的安全防护棚。

(5)由于上方施工可能坠落物件或处于起重机大臂回转范围内的通道,在其受影响的范围内必须搭设顶部能防止穿透的双层防护廊。

复习思考题

1. 高处作业应符合哪些规定?
2. 洞口作业的安全防护可分为哪几类?
3. 模板支撑和拆卸时的悬空作业应遵守哪些规定?

第七章

分部分项工程施工安全技术

安全生产贯穿于从开工到竣工的施工生产全过程，因此，安全工作存在于每个分部分项工程、每道工序之中。安全生产管理不仅要监督检查安全计划和制度的贯彻实施，还应该了解建筑施工中主要安全技术和安全控制的基本知识。

开工前检查，目的是检查工程是否具备开工条件，开工后能否连续正常施工，能否保证工程施工安全。对于重要的工序或对工程施工安全有重大影响的工序或作业，还要组织专职安全管理人员进行工序交接检查。施工中的跟踪监督、检查与控制，主要是指监督、检查在工序施工过程中，人员、施工机械设备、材料、施工方法及工艺或操作以及施工环境条件等是否处于良好的状态，是否符合保证工程施工安全的要求，若发现问题应及时纠正和加以控制。

对于重要的和对工程施工安全有重大影响的工序、部位、活动，还应在现场安排专人进行施工过程监控。经检查认可，应签署验收记录。现场进行施工安全检查的方法有目测法、实测法和试验法。实测法，就是通过实测数据与建筑施工安全检查标准所规定的允许偏差进行对照，来判别其是否合格、安全。试验法，指必须通过试验验证手段，才能对安全性进行判断的检查方法。

第一节　脚手架工程安全技术

脚手架是建筑施工中必不可少的临时设施。例如砖墙的砌筑，墙面的抹灰、装饰和粉刷，结构构件的安装等，都需要在其近旁搭设脚手架，以便在其上进行施工操作、堆放施工用料和必要时的短距离水平运输。脚手架虽然随着工程进度而搭设，工程完毕后拆除，但它对建筑施工速度、工作效率、工程质量以及工人的人身安全有着直接的影响。如果脚手架搭设不及时，势必会拖延工程进度；脚手架搭设不符合施工需要，工人操作就不方便，质量得不到保证，工效也提不高；脚手架搭设不牢固，不稳定，就容易造成施工中的伤亡事故。因此，脚手架的选型、构造、搭设质量等决不可疏忽大意，轻率处理。

一、脚手架工程安全要求

1. 施工前的准备工作

(1)脚手架施工前，应根据工程的特点和施工工艺，编制施工方案，选择合理的构架形式、尺寸、附墙结构以及卸荷和局部加强措施，确保构架稳定、承载可靠和使用安全。

(2)脚手架的设置有以下情况之一者，必须进行设计计算或进行1:1实架段的荷载检验，验算或检验合格后，方可进行搭设和使用：①小于20 m，且相应脚手架安全技术规范没有给出不必计算的构架尺寸规定；②实际使用的施工荷载值大于有关规范规定；③全部或局部脚手架的形式、尺寸、荷载或受力状态有显著变化；④采用挑、吊、挂方式设置的脚手架、附着式升降脚手架；⑤尚未制定规范的新型脚手架和其他无可靠安全依据搭设的脚手架。

2. 一般规定

从事作业的人员要定期进行身体检查，凡患有高血压病、心脏病、贫血病、癫痫病以及其他不适于高空作业的人员，不得从事高空作业。进入施工现场的工作人员应必须戴好安全帽。禁止赤脚、穿硬底鞋、拖鞋、高跟鞋以及带钉易滑的鞋从事高空作业。饮酒后禁止高空作业。无可靠防护设施的高空作业人员必须使用安全带。

在恶劣的气候条件下（大雨、大雪、大雾、6 级以上大风），禁止从事露天高空作业，风、雨、雪后应对脚手架进行检查，上架操作应有防滑措施。

为了确保脚手架的安全，脚手架应具备足够的强度、刚度和稳定性。脚手架的材料规格、质量要符合有关规定，禁止使用不合格的材料和架设工具。严格按照要求进行搭设。保证架子结合合理、牢固稳定。脚手板要满铺，不得有探头板。各种脚手架在使用前，必须经安全人员进行检查，履行交接验收后，方可使用。特别是高层脚手架和特种工程脚手架，更应进行严格检查后才能使用。遇有立杆沉陷或悬空，节点松动、架子歪斜、杆件变形，脚手板上结冰等问题，在未解决以前应停止使用脚手架。

落地式脚手架的搭设高度不宜超过以下限值：扣件式单排架不宜超过 24 m，扣件式双排架不宜超过 50 m；门式钢管脚手架当施工荷载标准值为 3.0 ~5.0 kN/m^2 时不宜超过 45 m，施工荷载标准值不超过 3.0 kN/m^2 时不宜超过 60 m。

3. 脚手架在使用过程中应注意的问题

(1)严格控制使用荷载，禁止超载使用。

(2)不能利用脚手架吊运重物。

(3)作业人员不能攀架上下。

(4)不能在脚手上拉结吊装缆绳。

(5)严禁在架上跑动、打闹。

(6)不能任意拆除脚手架部件和连墙杆。

(7)起吊构件时注意不要碰撞和扯动脚手架。

(8)不能在脚手架底部或近旁挖坑槽，保证地基的稳定。

4. 脚手架安全防护设施

(1)脚手架的斜道、爬梯两侧及平台外围，均应设两道牢固的防护栏，并设 18 cm 高的挡脚板或防护立网。脚手架外立杆内侧，应采用密目式安全网全封闭。

(2)单、双排脚手架首层必须设置兜网，每隔 10 m 增设一层兜网，操作层脚手板下再设一层兜网。双排脚手架，里立杆与墙体间应在双排架间兜网位置处设置脚手板或设兜网封严。

(3)4 m 高以上的工程施工，安全网要随楼层进度逐层上升，首层必须固定一道 3 m×6 m 的安全网。安全网要保证完整有效，架设牢固，搭接应严密牢固，受力均匀，严禁向安全网内乱扔杂物，网内不得有积物。

(4)外装修用吊篮、挂架、挑架、绳索等在使用前要作荷载试验，必须满足规定的安全系数（一般为 3.0）才能使用。要在内侧设防护和立网，其他三面都要挂设立式安全网，铺平固定脚手板。升降架子必须指定专人操作，升降设备必须有可靠的制动防坠落装置。

(5)在脚手架上同时进行多层作业的情况下，各作业层之间应设置可靠的防护棚挡（在作业层下挂棚布、竹笆或小孔绳网等），以防止上层坠物伤及下层作业人员，任何人不准私自拆改架子。

(6)钢脚手架(包括钢井架、钢龙门架、钢独脚拔杆提升架等)不得搭设在距离35 kV以上高压线路4.5 m以内的地区和距离1~10 kV高压线路2 m以内的地区,否则使用期间应断电或拆除电源。

(7)过高的脚手架必须有防雷措施,钢脚手架的防雷措施是用接地装置与脚手架连接,一般每隔50 m设置一处。最远点到接地装置脚手架上的过渡电阻不应超过10 Ω。

5. 脚手架施工荷载

严格控制各式脚手架的施工使用荷载,特别是对于桥式、吊、挂、挑等脚手架更应严格控制施工使用荷载。

(1)承重架(包括砌筑、浇筑混凝土和安装用架)

脚手架安全技术规范规定为3 000 N/m^2 或3.0 kN/m^2。

(2)装修架

脚手架上的施工荷载值规定为2 000 N/m^2 或2.0 kN/m^2。

二、多立杆式脚手架

1. 基础构造

竹、木脚手架一般将立杆直接埋于地基本土中,钢管脚手架则不将立杆直接埋于土中,而是将地表面整平夯实,垫以厚度不小于50 mm的垫木或垫板,然后于垫木(或垫板)上加设钢管底座再立立杆。但不论直接埋入土中,还是加垫木,都应根据地基土的容许承载能力对脚手架基础进行具体设计。地基土的容许承载力,当为坚硬土时,为100~120 kN/m^2;普通老土为80~100 kN/m^2;夯实的回填土则为50~80 kN/m^2。

钢管脚手架基础,根据搭设高度的不同,其具体作法也有所不同:

(1)一般作法。高度在30 m以下的脚手架,垫木宜采用长2.0~2.5 m、宽为200 mm、厚50~60 mm的木板,并垂直于墙面放置。若用4.0 m左右长的垫板,则可平行墙面放置。

(2)特殊作法。高度超过30 m时,若脚手架地基为回填土,除分层夯实达到所要求的密实度外,应采用枕木支垫,或在地基上加铺20 mm厚的道渣,再在其上面铺设混凝土预制板,然后沿纵向仰铺12~16号槽钢,再将脚手架立杆底座放于槽钢上。脚手架高度大于50 m时,应在地面下1 m深处改用灰土地基,然后再铺枕木。当内立杆处在墙基回填土之上时,除墙基边回填土应分层夯实达到所要求的密实度外,还应在地面上沿垂直于墙面的方向浇筑0.5 m厚的混凝土基础,达到所规定的强度后,再在灰土上面或混凝土上面铺设枕木,架设立杆。

2. 主要杆件

(1)立杆(也称立柱、站杆、冲天杆、竖杆等)。立杆应与地面垂直,是脚手架主要受力杆件。它的作用是将脚手架上所堆放的物料和操作人员的全部重量,通过底座(或垫板)传到地基上。

(2)大横杆(也称顺水杆、纵向水平杆、牵杆等)。大横杆应与墙面平行,作用是与立杆连成整体,将脚手板上的堆放物料和操作人员的重量传到立杆上。

(3)小横杆(横担、横向水平杆等)。小横杆应与墙面垂直,作用是直接承受脚手板上的重量,并将其传到大横杆上。

(4)斜撑是紧贴脚手架外排的立杆,与立杆斜交与地面约成45°~60°角,上下连续设置,形成“之”字形,主要在脚手架拐角处设置,作用是防止架子沿纵长方向倾斜。

(5)剪刀撑(十字撑、十字盖)。剪刀撑是在脚手架外侧交叉成十字形的双支斜杆,双杆互相交叉,并都与地面成45°~60°夹角。作用是把脚手架连成整体,增加脚手架的整体稳定性。

(6)抛撑(支撑、压栏子)。抛撑是设置在脚手架周围的支撑架子的斜杆,一般与地面成60°夹角,作用是增加脚手架横向稳定,防止脚手架向外倾斜或倾倒。

连墙杆是沿立杆的竖向不大于4 m、水平方向不大于7 m设置的能承受拉力和压力而与主体结构相连的水平杆件,其作用主要是承受脚手架的全部风荷载和脚手架里外排立杆不均匀下沉时所产生的荷载。

三、安全网搭设的安全措施

当外墙砌砖高度超过4 m或立体交叉作业时,必须设置安全网,以防材料下落伤人和高空操作人员坠落。安全网是用直径9 mm的麻绳、棕绳或尼龙绳编织而成的,一般规格为宽3 m、长6 m、网眼50 mm左右,每块支好的安全网应能承受不小于1.6 kN的冲击荷载。

架设安全网时,其伸出墙面宽度应不小于2 m,外口要高于里口500 mm,两网搭接应扎接牢固,每隔一定距离应用拉绳将斜杆与地面锚桩拉牢。施工过程中要经常对安全网进行检查和维修,严禁向安全网内扔进木料和其他杂物。

当用里脚手架施工外墙时,要沿墙外架设安全网。多层、高层建筑用外脚手架时,亦需在脚手架外侧设安全网。安全网要随楼层施工进度逐层上升。多层、高层建筑除一道逐步上升的安全网外,尚应在第二层和每隔三~四层加设固定的安全网。高层建筑满搭外脚手架时,也可在脚手架外表面满挂竖向安全网,在作业层的脚手板下应平挂安全网。

脚手架外侧设安全网。安全网要随楼层施工进度逐层上升。多层、高层建筑除一道逐步上升的安全网外,尚应在第二层和每隔三~四层加设固定的安全网。高层建筑满搭外脚手架时,也可在脚手架外表面满挂竖向安全网,在作业层的脚手板下应平挂安全网。

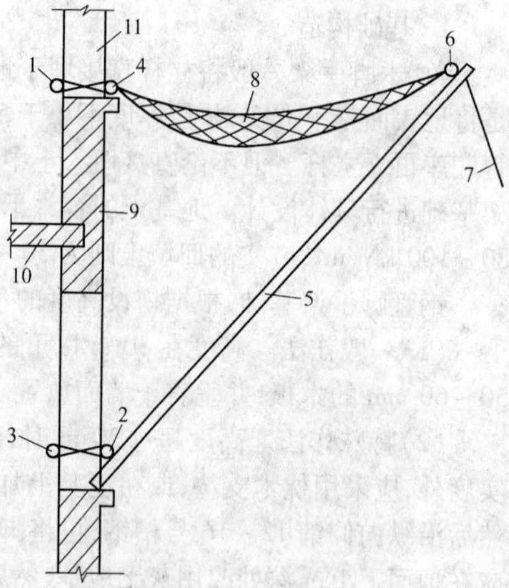

图7.1 安全网搭设

1、2、3—水平杆;4—内水平杆;5—斜杆;6—外水平杆;7—拉绳;8—安全网;9—外墙;10—楼板;11—窗口

图7.1为安全网搭设的一种方式。用ϕ48 mm×3.5 mm钢管搭设水平杆1放在上层窗口的墙内与安全网的内水平杆4绑牢,水平杆2放在下层窗口的墙外与安全网的斜杆绑牢,水平杆3放在墙内与水平杆2绑牢。支设安全网的斜杆5间距应不大于4 m。

在无窗口的山墙上,可在墙角设立柱来挂安全网;也可在墙体内预埋钢筋环以支撑斜杆;还可用短钢管穿墙,用回转扣件来支设斜杆。

四、脚手架拆除的注意事项

1. 拆除脚手架时,应清除脚手架上的材料、工具和杂物。应设置警戒区和警戒标志,并由专人负责警戒。

2. 脚手架拆除应在统一指挥下,按后搭先拆、先搭后拆的顺序及下列安全作业的要求进行:

(1)脚手架的拆除应从一端走向另一端、自上而下逐层进行。

(2)同一层的构配件和加固件应先上后下、先外后里的顺序进行,最后拆除连墙件。

(3)拆除过程中,脚手架的自由悬臂高度不得超过两步架,否则应加设临时拉结。

(4)连墙件、通长水平杆和剪刀撑等,必须在脚手架拆卸到相关的门架时方可拆除。

(5)拆除的构配件,应成捆由机械吊运或由井架传送至地面,严禁抛掷。

3. 6 级以上大风和雨、雪、雾天应停止脚手架的搭设、拆除及施工作业。

第二节　砌筑工程安全技术

一、砌筑工程安全要求

砌筑操作前必须检查操作环境是否符合安全要求,道路是否畅通,机具是否完好、牢固,安全设施和防护用品是否齐全,经检查符合要求后才可施工。

砌筑施工前,对材料和机具要进行检查。砖、石、小型砌块等,砌筑前应在地面上用水淋湿,不应将砌块运到操作地点时才进行淋湿,以免造成场地湿滑。砂浆搅拌机的安全规定要符合有关机械安全规定。

雨季施工要做好防雨措施,严防雨水冲走砂浆,造成砌体倒塌。在雨季施工时,不得使用过湿的砌块,以避免砂浆流淌,影响砌体质量。

施工人员进入现场必须戴好安全帽。车子运输砖、石、砂浆等材料时应注意稳定,不得猛跑,前后车距离不少于 2 m;在坡度上行车,两车距离应不少于 10 m。禁止并行或超车。所载材料不许超出车之上。用起重机吊运砖时,应采用砖笼。吊运砂浆的料斗不能装得过满。吊钩要扣稳,要待吊物下降至离楼地面 1 m 以内时人员才可靠近。扶住就位,人员不得站在建筑物的边缘。吊运物料时,吊臂回转范围内的下面不得有人员行走或停留。使用物料提升机运送物料时,应遵守物料提升机有关规定。吊运时不得超载,使用过程中经常检查。若发现有不符合规定者,应停止作业及时处理。

砌砖石基础时,应检查和注意基坑土质的变化情况。操作地点临时堆放用料时,要放在平整坚实的地面上,不得放在湿滑积水或泥土松软崩裂的地方。放在楼板或桥道时,不得超过其设计荷载能力,并应分散堆置,不得过分集中。基坑边 1 m 以内不准堆料。

砌墙高度超过地坪 1. 2 m 以上时,应搭设脚手架。架上堆放材料不得超过规定荷载值,堆砖高度不得超过三皮侧砖,同一块脚手板上的操作人员不应超过二人。按规定搭设安全网。严禁用抛掷方法传递砖、石等材料,如用人工传递时应稳递稳接,上下操作人员站立位置应错开。使用物料提升机运送物料时,应遵守物料提升机有关规定。吊运时不得超载,使用过程中经常检查。若发现有不符合规定者,应停止作业及时处理。

二、砌砖工程安全要求

基础砌砖时,应经常注意和检查基坑土质变化情况,检查有无崩裂和塌陷现象。操作人员应设梯子上下基坑,不应攀爬坑壁和踩踏砌体上下。基坑边堆放材料距离坑边不得少于 1. 5 m,还应按土质的坚硬程度确定。当发现土质出现水平或垂直裂缝时,应立即将材料搬离并进行基坑壁的加固处理。当在坑内工作时,操作人员必须戴好安全帽。操作地段上要有明显标志，警示基坑内有人作业。

砌墙高度超过地坪 1.2 m 以上时，应搭设脚手架。架上堆放材料不得超过规定荷载值，堆砖高度不得超过三皮侧砖，同一块脚手板上的操作人员不应超过二人。脚手架站脚处的高度，应低于已砌砖的高度。不准站在墙上做画线、称角、清扫墙面等工作。不准用不稳固的工具或物体在脚手板上垫高操作。砖垛上取砖时，应先取高处后取低处，防止垛倒砸人。砍砖时应面向内打，防止碎砖弹出伤人。砌砖在一层以上或高度超过 3.2 m 时，若建筑物外边没有架设脚手架，则应支设安全网或护身栏杆。正在砌筑的墙上不准走人。山墙砌完后，应立即安装木条或临时支撑，防止倒塌。

砌砖使用的工具、材料应放在稳妥的地方，工作完毕应将脚手板或砖墙上的碎砖、灰浆等清扫干净。防止掉落伤人。冬季施工时，脚手板上如有冰霜、积雪，应先清除后才能上架子进行操作。

三、砌石施工安全要求

搬运石料前，应检查搬运工具绳索是否牢靠。石料要拿稳放牢。用车子或筐运送时，不应装得过满，防止滚落伤人。用手推车运石料时，应掌握车的重心，装车先装后面，卸车先卸前面，装车不得超载。用绳缆抬石，应用双缆，不应用单缆，并且有缆的一面向人，前后两人要互相呼应、互相照顾、步伐一致。往坑槽运石料，应用溜槽或吊运，下方不准有人。

打锤前先检查锤头有无裂痕，锤柄是否牢靠。要按照石纹走向落锤，锤口要平，落锤要准。落锤要选择方向，看清附近情况，有无危险，方可落锤，以防止伤人。开尖操作前应检查铁尖、大锤等有无裂痕，是否牢固。如有裂痕，应修理后才可以使用。铁尖要用小麻绳挂紧，操作时用脚踩实麻绳，以防铁尖飞出伤人。

在脚手架上砌石，不得使用大锤，修整石块时要戴防护眼镜，不准两人对面操作。操作时，应戴厚帆布防护手套。工作完毕后，应将脚手板上的石渣碎片清扫干净。

砌石墙时不准在墙顶或架上修石材，以免振动墙体影响质量或石片掉下伤人。不准徒手移动墙上的石块，以免压破或擦伤手指。不准勉强在超过胸部的墙上进行砌筑，以免将墙体碰撞倒塌或上石时失手掉下造成安全事故。石块不得往下掷。运石上下时，脚手板要钉装牢固，并钉防滑条及扶手栏杆。

四、中、小型砌块施工安全要求

砌块施工宜组织专业小组进行。施工人员必须认真执行有关安全技术规程和本工种的操作规程。吊装砌块和构件时应注意其重心位置，禁止用起重拔杆拖运砌块。吊装较长构件时应加稳绳。砌块吊装时不得在其下一层楼内进行任何工作。砌块堆放应尽量靠近楼板两端，卸下砌块时应避免冲击，堆放在楼板上的砌块不得超过楼板的允许承载力。安装砌块时，不准站在墙上设置支撑、缆绳等。在施工过程中，对稳定性较差的窗间墙、独立柱应加稳定支撑。对有部分破裂和脱落危险的砌块，严禁起吊。起吊砌块时，严禁将砌块停留在操作人员的上空或在空中整修、加工砌块。砌块吊装就位时，应待砌块放稳后，方可松开夹具。

当遇到下列情况时，应停止吊装工作：

1. 因风力较大，使砌块和构件在空中摆动不能停稳时；
2. 噪声过大，不能听清指挥信号；
3. 起吊设备、索具、夹具有不安全因素而没有排除时；
4. 大风、大雾或照明不足等情况时。

第三节 钢筋混凝土工程安全技术

一、模板安装、拆除安全技术

(一)模板施工前的安全技术准备工作

模板施工前,要认真审查施工组织设计中关于模板的设计资料:

(1)模板结构设计计算书的荷载取值,是否符合工程实际,计算方法是否正确,审核手续是否齐全。

(2)模板设计图中的结构构件大样及支撑体系、连接件等的设计是否安全合理,图纸是否齐全。

(3)模板设计中安全措施是否周全。

当模板构件进场后,要认真检查构件和材料是否符合设计要求,例如钢模板构件是否有严重锈蚀或变形,构件的焊缝或连接螺栓是否符合要求。木料的材质以及木构件拼接接头是否牢固等。自己加工的模板构件,特别是承重钢构件其检查验收手续是否齐全。同时要排除模板工程施工中的不安全因素,要保证运输道路畅通,做到现场防护设施齐全。地面上的支模场地必须平整夯实。要做好夜间施工照明的准备工作,电动工具的电源线、绝缘、漏电保护装置要齐全,并做好模板垂直运输的安全施工准备工作。现场施工负责人在模板施工前要认真向有关人员作安全技术交底,特别是新的模板工艺,必须通过试验,并培训操作人员。

(二)保证模板工程施工安全的基本要求

模板工程作业高度在2 m和2 m以上时,要根据高处作业安全技术规范的要求,进行操作和防护,要有可靠安全的操作架子,4 m以上或二层及二层以上周围应设安全网、防护栏杆,临街及交通要道地区施工应设警示牌,避免伤及行人。操作人员上下通行,必须通过马道,乘人施工电梯或上人扶梯等,不许攀登模板或脚手架上下,不许在墙顶、独立梁及其他狭窄而无防护栏的模板面上行走。高处作业架子上、平台上一般不宜堆放模板,必须短时间堆放时,一定要码平稳,不能堆得过高,必须控制在架子或平台的允许荷载范围内。高处支模工人所用工具不用时要放在工具袋内,不能随意将工具、模板零件放在脚手架上,以免坠落伤人。

冬季施工时,操作地点和人行通道的冰雪要在作业前,先清除掉,避免人员滑倒摔伤。5级以上大风天气,不宜进行大块模板拼装和吊装作业。注意防火,木料及易燃保温材料要远离火源堆放。采用电热养护的模板要有可靠的绝缘漏电和接地保护装置,按电气安全操作规范要求做。

雨季施工时,高耸结构的模板作业,要安装避雷设施,其接地电阻不得大于4 Ω。沿海地区要考虑抗风和加固措施。在架空输电线路下面进行模板施工时,如果不能停电作业,应采取隔离防护措施,其安全操作距离应符合表7.1的要求。

表7.1 架空输电线路下作业的安全操作距离

输电线路电压	1 kV以下	1~20 kV	35~110 kV	154 kV	220 kV
最小安全操作距离(m)	4	6	8	10	15

运模板时,起重机的任何部位和被吊的物件边缘,与10 kV以下架空线路边缘的最小水平距离不得小于2 m。如果达不到这个要求,或者施工操作距离达不到规定的要求,须采取防护措施,增设屏障、遮栏、围护或保护网,并悬挂醒目的警告标志牌。在架设防护设施时,应有电气工程技术人员或专职安全人员负责监护。如果防护设施无法实现时,必须与有关部门协商,

采取停电、迁移外电线路等措施，否则不得施工。

夜间施工，必须有足够的照明，照明电源电压不得超过 36 V，在潮湿地点或易触及带电体的场所，照明电源电压不得超过 24 V。各种电源线，不允许直接固定在钢模板上。模板支撑不能固定在脚手架或门窗上，避免发生倒塌或模板位移。液压滑动模板及其他特殊模板应按相应的专门安全技术规程进行施工准备和作业。

二、钢筋工程安全技术

（一）钢筋运输与堆放安全技术要求

1. 人工搬运钢筋时，步调要一致。当上下坡或转弯时，要前后呼应，步伐稳慢。注意钢筋的两端摆动，防止碰撞物体或打击人身，特别防止碰挂周围和上下的电线。上肩或卸料时要互相打招呼，注意安全。

2. 人工垂直传递钢筋时，送料人应站立在牢固平整的地面或临时构筑物上，接料人应有护身栏杆或防止前倾的牢固物体，必要时挂好安全带。

3. 机械垂直吊运钢筋时，应当捆扎牢固，吊点应设在钢筋束的两端。有困难时才在该束钢筋的重心处设吊点，钢筋要平稳上升，不得超重起吊。

4. 起吊钢筋时下方不得站人，待钢筋骨架降落至地面或安装标高 1 m 以内，人员方准靠近操作，待就位放稳或支撑好后方可摘钩。

5. 临时堆放钢筋，不得过分集中，应考虑支撑架的承载能力。在新浇筑楼板混凝土强度尚未达到 1.2 MPa 前，严禁堆放钢筋。

6. 钢筋切勿碰触电线，钢筋严禁靠近高压线路，钢筋与电源线路应符合安全距离的要求。

（二）钢筋加工安装安全要求

1. 钢筋加工机械的安装必须坚实稳固，保持水平位置。固定式机械应有可靠的基础，动式机械作业时应楔紧行走轮。钢筋加工机械应保证安全装置齐全有效。

2. 钢筋加工场地应由专人看管，非钢筋加工制作人员不得擅自进入加工场地。外作业应设置机棚，机旁应有堆放原料、半成品的场地。钢材、半成品等应按规格、品种分别堆放整齐，制作场地要平整。工作平台要稳固，照明灯具必须加网罩。作业后，应堆放好成品、清理场地、切断电源、锁好电闸。

3. 安装绑扎钢筋时，钢筋不得碰撞电线，在深基础或夜间施工，需使用移动式行灯照明时，电压不应超过 36 V。起吊钢筋骨架时，下方禁止站人，待骨架降落至距安装标高 1 m 以内方准靠近，就位支撑好后，方可摘钩。

4. 钢筋除锈时，操作人员要戴好防护眼镜、口罩、手套等防护用品，并将袖口扎紧。电动除锈时，应先检查钢丝刷固定有无松动，检查封闭式防护罩装置吸尘设备和电气设备的绝缘及接地是否良好等情况，防止发生机械和触电事故。送料时，操作人员要侧身操作，严禁在除锈机的正前方站立。长料除锈要两人操作，互相呼应，紧密配合。

5. 展开盘圆钢筋时，要两端卡牢，切断时要先用脚踩紧，防止回弹伤人。拉直调直时，卡头要卡牢，地锚要结实牢固，拉筋沿线 2 m 区域内禁止行人。切断钢筋时，应用钳子夹牢，铁钳手柄不得短于 500 mm，禁止用手把扶，并在外侧设置防护箱笼罩。弯曲钢筋时，要紧握扳手，要站稳脚步，身体保持平衡，防止钢筋折断或松脱。

6. 绑扎基础钢筋时，应按照施工设计规定摆放钢筋支架或马凳，架起上部钢筋，不得任意减少支架或马凳。绑扎柱、墙钢筋，不得站在钢筋骨架上操作和攀登骨架上下。柱筋在 4 m 以内重量不大，可在地面或楼面上绑扎，整体竖起；柱筋在4 m以上时，应搭设工作台。柱、墙、梁骨架，应用临时支撑拉牢，以防倾倒。

7. 在高空、深坑绑扎钢筋和安装骨架，应搭设脚手架和马道。绑扎3 m以上的柱钢筋时应搭设操作平台，已绑扎的柱骨架应采用临时支撑拉牢，以防倾倒。高处绑扎和安装钢筋，注意不要将钢筋集中堆放在模板或脚手架上，特别是悬臂构件应检查支撑是否牢固。应尽量避免在高处修整、扳弯粗钢筋，在必须操作时，要系好安全带，选好位置，人要站稳。绑扎圈梁、挑檐、外墙、边柱钢筋时，应搭设外脚手架或悬挑架，并按规定挂好安全网。

（三）钢筋焊接安全生产规定

1. 工作前必须对电气设备、操作机构和冷却系统等进行检查，并用试电笔检查机体外壳有无漏电。焊机应放在室内和干燥的地方，机身要平稳、牢固，周围不准放置易燃物品。焊机必须接地，以保证操作人员安全，对于焊接导线及焊钳接导处，应有可靠的绝缘。

2. 操作人员操作时应戴防护眼镜、穿绝缘鞋、戴手套等防护用品，并应站在橡胶板或木板上，严禁坐在金属椅上。大量焊接时，焊接变压器不得超负荷，变压器升温不得超过60 ℃。

3. 焊接前，应根据钢筋截面调整电压，使与所焊钢筋截面相适应，禁止焊接超过机械规定的直径的钢筋。发现焊头漏电立即更换，禁止使用。焊接较长钢筋时，应设支架。

4. 对焊接断路器的接触点、电极要定期检查修理。断路器的接触点一般每隔2～3天应用砂纸擦净，电极应定期锉光。二次电路的全部螺栓接合应定期拧紧，以避免发生过热现象。点焊、对焊时，必须开放冷却水，焊机出水温度不得超过40 ℃，排水量应符合要求。天冷时应放尽焊机内存水，以免冻塞。

5. 对焊机闪光区域，须设铁皮隔挡。焊接时禁止其他人员停留在闪光区范围内，以防火花烫伤。焊机工作范围内严禁堆放易燃物品，以免引起火灾。室内电弧焊时，应有排气装置。焊工操作地点相互之间应设挡板，以防弧光刺伤眼睛。

6. 刚焊成的钢材，应平直放置，以免冷却过程中变形。堆放地点不得在易燃物品附近，并要选择无人来往的地方或加设护栏。

（四）钢筋冷加工安全技术

1. 对钢筋进行冷拉，卷扬机前应设置防护挡板，或将卷扬机与冷拉方向成90°角，且应用封闭式的导向滑轮。冷拉场地禁止人员通行或停留，以防被伤。

2. 冷拉钢筋要上好夹具，离开后再发开机信号。发现滑动或其他问题时，要先行停机，放松钢筋后才能重新进行操作。冷拉钢筋要严格按照规定应力和伸长率进行，不得随意变更。不论拉伸或放松钢筋都应缓慢均匀，发现异常立即停止拉伸。

3. 张拉钢筋，两端应设置防护挡板，钢筋张拉后要加以防护，禁止压重物或在上面行走。浇灌混凝土时，要防止震动器冲击预应力钢筋。

4. 千斤顶支脚必须与构件对准，放置平正，测量拉伸长度、加楔和拧紧螺栓应先停止拉伸，并站在两侧操作，防止钢筋断裂回弹伤人。

5. 同一构件有预应力和非预应力钢筋时，预应力钢筋应分二次张拉，第一次拉至控制应力的70%～80%，待非预应力钢筋绑好后再拉到规定应力值。

三、混凝土工程安全技术

（一）原材料运输和堆放安全要求

1. 取水泥时必须逐层按顺序拿取。用手推车运输水泥、砂、石子时，不应高出车斗。临时堆放备用水泥,不应堆叠过高,如堆放在平台上时应不超过平台的允许承载能力。叠垛要整齐平稳。

2. 运输通道要平整,并保持清洁,及时清除落料和杂物。上下斜坡时,坡度不应太陡,坡面应采取防滑措施,在必要时坡面设专人帮助推车。

3. 车子向搅拌机料斗卸料时,不得用力过猛和撒把,防车翻转,料斗边沿应高出落料平台 100 mm 左右为宜,过低的要加设车挡。

(二)混凝土搅拌安全要求

1. 搅拌机的操作人员,应经过专门技术和安全规定的培训,并经考试合格后方能正式操作。搅拌机必须安置在坚实的地方用支架或支脚筒架稳,不准用轮胎代替支撑。搅拌机使用应符合混凝土搅拌机使用安全要求。

2. 搅拌机开动前应检查离合器、制动器、齿轮、钢丝绳等是否良好,滚筒内不得有异物。

3. 向搅拌机料斗落料时,脚不得踩在料斗上;料斗升起时,料斗的下方不得站人。进料斗升起时严禁人员在料斗下面通过或停留,机械运转过程中,严禁将工具伸入拌和筒内,清理搅拌机料斗坑底的砂、石时,必须与司机联系,将料斗升起并用链条扣牢后方能进行工作。工作完毕后料斗用挂钩挂牢。

4. 进料时严禁将头、手伸入料斗与机架之间查看或探摸进料情况,运转中不得用手、工具或物体伸进搅拌机滚筒内抓料出料。拌和机发生故障需现场检修时应切断电源,人进入滚筒清理时,外面应派人监护。

(三)混凝土运输安全要求

1. 使用手推车运混凝土时,其运输通道应合理布置,使浇灌地点形成回路,避免车辆拥挤阻塞造成事故,运输通道应搭设平坦牢固,遇钢筋过密时可用马凳支撑支设,马凳间距一般不超过 2 m。运输混凝土临时架设桥道的宽度,应能容纳两部手推车来往通过并有余地为准,一般不小于 1.5 m。架设要牢固,桥板接头要平顺。两部手推车碰头时,空车应预先放慢并停靠一侧让重车通过。

2. 车子向料斗倒料时,不得用力过猛和撒把,并应设有挡车措施。

3. 用井架、龙门架运输时,车把不得超出吊盘之外,车轮前后要挡牢,稳起稳落。禁止手推车推到挑檐、阳台上直接卸料。

4. 用输送泵输送混凝土时,管道接头、安全阀必须完好,管架必须牢固且能承受输送过程中所产生的水平推力,输送前必须试送,检修时必须卸压。用铁桶向上传送混凝土时,人员应站在安全牢固且传递方便的位置上;铁桶交接时精神要集中,双方配合好,传要准,接要稳。使用吊斗浇筑混凝土时,应设专人指挥。要经常检查吊罐斗、钢丝绳和卡具,发现隐患应及时处理。

5. 用塔吊运送混凝土时,小车必须焊有牢固的吊环,吊点不得少于 4 个并保持车身平衡;使用专用吊斗时吊环应牢固可靠,吊索钢筋绳应符合起重机械安全规程要求。使用物料提升机运输时,应按有关规定执行。手推车推进吊笼,车把不得伸出吊笼外,车轮前后要挡牢,稳起稳落。

6. 禁止在混凝土初凝后、终凝前在其上面行走手推车,以防扰动混凝土。当混凝土强度达到 1.2 MPa 以后才允许上料具等。运输通道上应铺设马道,料具要分散放置,不得集中堆放。

(四)混凝土浇筑与振捣安全要求

1. 浇筑深基础混凝土前和在施工过程中,应检查基坑边坡土质有无崩裂倾塌的危险。如发现危险现象应及时排除。同时,工具、材料不应堆置在基坑边沿。

2. 浇筑混凝土使用的溜槽及串桶节间必须连接牢靠,操作部位应有护身栏杆,不准直接站在溜槽帮上操作。夜间浇筑混凝土时应有足够的照明设备。

3. 浇筑无楼板的框架梁、柱混凝土时,应架设临时脚手架,禁止站在梁或柱的模板或临时支撑上操作。浇筑高度3 m以上的框架梁、柱混凝土应设操作台,不得站在模板或支撑上操作。浇筑房屋边缘的梁、柱混凝土时,外部应有脚手架或安全网。如脚手架离开建筑物超过20 cm时必须将空隙部位通铺脚手板。浇筑拱形结构,应自两边拱脚对称同时进行;浇筑圈梁、雨篷、阳台应设防护措施;浇筑料仓,下口应先封闭,并铺设临时脚手架,以防人员坠下。

4. 混凝土振捣器应设单一开关,并装设漏电保护器,插座插头应完好无损,电源线不得破皮漏电;开关箱内应装设漏电保护器,漏电保护器的额定动作电流应不大于30 mA,额定动作时间应小于0.1 s。操作者应穿胶鞋,湿手不得触摸开关。

5. 预应力灌浆应严格按照规定压力进行,输浆管道应畅通,阀门接头要严密牢固。

(五)混凝土养护安全要求

1. 已浇筑完的混凝土,应加以覆盖和浇水,使混凝土在规定的养护期内始终能保持足够的湿润状态。

2. 覆盖养护混凝土时,楼板如有孔洞,应钉板封盖或设置防护栏杆或安全网。

3. 拉移胶皮水管浇水养护混凝土时不得倒退行走,注意梯口、洞口和建筑物的边缘处,以防失足坠落。

4. 禁止在混凝土养护窖(池)边缘上站立或行走,同时应将窖盖板和地沟孔洞盖牢和盖严,严防失足坠落。

第四节　装饰工程安全技术

一、抹灰工程的安全技术

(一)一般规定

1. 室内抹灰使用的高凳、金属支架应平稳牢固,脚手架跨度不得大于2.0 m。架上堆放材料不得集中,在同一跨度内不得超过2人。移动脚手架时下面不得站人。高凳高度不得超过1.8 m。如高度超过1.8 m时,必须搭设脚手架。操作前应先检查脚手架是否稳固,操作中也应随时检查。严禁搭飞跳板和探头板。

2. 室外抹灰脚手架应按抹灰要求高度由架子工进行拆改,禁止抹灰工自翻脚手板或搭临时架子。脚手架上的工具、材料分散放稳。安装易滑的材料应堆放整齐,四角进行包裹,边用边运。不准在门窗、暖气片、洗脸池上搭设脚手板。阳台部位粉刷,外侧必须挂安全网。

3. 立体交叉作业时应满铺一层脚手板和5 mm×5 mm密目网进行隔离,并避免正面垂直上下作业。阳台、外门窗口、楼梯间等部位操作时,应有安全防护措施。楼梯间楼梯井处上下应进行防护。严禁在脚手架护身栏、护栏、阳台栏板上操作施工。

4. 水平运输道路应平整,小车在过道中拐弯、进出门口时,应注意车把挤手。用绳垂直运输时四周要进行围挡,必须有专人看管。使用高凳、人字梯和靠梯在光滑地面上操作时,凳

(梯)下脚要绑麻布和橡皮防滑。人字梯系好拉绳。

5. 禁止从门窗口向外抛投杂物,防止伤人。物料提升机吊篮内小车应加挡车横木,平台上人员不得向外探头。收工前吊篮脚手架应挂好风钩。

6. 在夜间或阴暗处作业,应用 36 V 以下低压照明。遇 6 级以上大风时,应暂停高空作业。

(二)室外抹灰安全要求

1. 作业人员应戴安全帽。剔凿混凝土、瓷砖等时应戴防护镜。所用脚手架应按有关规定进行搭设。

2. 施工前应检查作业环境,特别是孔洞,防护是否牢固可靠,并不得擅自改动。在阳台、跳板上的人员应系好安全带。

3. 做到活完脚下清,及时清理垃圾。

(三)室内抹灰的安全要求

1. 在高大外窗处作业时,需将窗扇关好,并插上插销,未安窗时必须进行围挡。

2. 高处作业时,木制刮杠要放在脚手板上放平稳,防止坠落伤人。堆放材料要分散。

3. 作业前应检查孔洞口、电梯井口等防护设施必须齐全,施工中不得擅自移动、拆改。

二、饰面板(砖)工程安全技术

饰面板(砖)工程是目前室内外广泛使用的装饰装修方法。在施工中对安全问题不能掉以轻心。施工人员严禁光脚、穿拖鞋、穿高跟鞋和硬底鞋进入现场和作业。

(一)饰面板(砖)粘贴工程安全要求

1. 室内花岗岩的放射性必须符合现行有关标准的规定。室内木骨架按现行规范要求涂刷防火涂料。

2. 瓷砖粘贴高度 3.6 m 时搭设脚手架,脚手架搭设必须符合脚手架工程的有关规定。安装使用的高凳、金属支架应平稳牢固,脚手架跨度不得大于 2.0 m。在同一跨度内不得超过 2 人。移动脚手架时下面不得站人。高凳高度不得超过 1.8 m。禁止两人同时在一梯上作业。

3. 搬运板材时,应拿稳轻放,防止伤手和砸脚,板材立放时与地面成 80°角,垫木距立边不得大于 150 mm。水平堆放的板材应整齐、平稳,高度适宜,运输通道不小于 1.5 m。

4. 操作地点必须清理干净,垃圾不得向窗外抛扔,以免伤人。施工前应检查作业环境,特别是洞口等防护必须可靠。

5. 贴面使用预制件、大理石、瓷砖等,应堆放整齐平稳,边用边运。安装要稳拿稳放,待灌浆凝固稳定后,方可拆除临时设施。加工场地应做到活完场清和活完料净。

(二)机具设备安全要求

手持电动工具和机械设备,要按施工机具中有关规定设置漏电保护、安全防护装置、接零和接地装置。剔凿混凝土、瓷砖碎片应戴防护镜。手、脸部不得正对加工板材。角磨机切割时,身要侧立,防止砂轮片破裂伤人。云齿机、角磨机等使用前应仔细检查,安好防护罩及漏电保护装置。使用云齿机切割过程中用力要适当,推进刀片不得用力过猛。当刀片卡死时应立即停机,慢慢退出刀片,应在重新对正后方可切割。

使用角向磨光机时应符合以下要求:

1. 砂轮应选用增强纤维树脂型,其安全线速度不得小于 80 m/s,配用的电缆与插头应具有加强绝缘性能,并不得任意更换。

2. 磨削作业时,应使砂轮与工作面保持15°~30°的倾斜位置,切削作业时砂轮不得倾斜,并不得横向摆动。

三、地面工程安全技术

地面工程施工前应检查机械设备,手持电动工具的保护装置,电气设备检查接零和接地是否可靠。施工前应检查作业环境,特别是孔洞。防护是否牢固可靠。在夜间或阴暗处作业,应用36 V以下低压照明。清扫地面时不得由窗口、阳台等处向外抛扔杂物,防止伤人。清理楼地面时要戴口罩。

(一)地砖粘贴工程安全要求

1. 剔凿地面基层时,不得用冲击钻和电锤作业,防止地面管线破坏。室内推车时,拐弯时要防止挤手。搬运材料时,应拿稳轻放防止伤手和砸脚。地砖码放应整齐平稳,高度适宜,防止倒塌。

2. 手持电动工具和机械设备,要按施工机具中有关规定设置漏电保护、安全防护装置、接零和接地装置。

3. 加工板材时,应戴防护镜、绝缘手套,脸部不得正对加工的材料。若用角向磨光机切割时,身要侧立,防止砂轮片破裂伤人。

4. 安装楼梯板材时,楼梯段及休息平台应有防护措施,楼梯井底部设置安全网。

5. 施工作业面应做到活完场清和活完料净。

(二)长条、拼花木地板工程安全要求

1. 操作现场的刨花、碎木料要及时清理。现场必须有可靠的防火措施,现场严禁吸烟。

2. 使用有毒的黏结剂时,操作人员应戴活性炭滤毒口罩。

3. 木工机具的电源必须设置独立开关,专线专闸,线路必须符合要求,防护装置必须齐全有效。

(三)塑料板地面工程安全要求

1. 必须单独设置保存或存放塑料板材和胶结剂的库房,设有足够的消防器材。存放丙酮、松节油、汽油、松香水、胶结剂和溶剂数量不得多于当天用量。启盖后必须及时盖严,操作过程中严禁吸烟。

2. 施工的房间必须通风良好,应打开门窗、通风换气,通风不良时应采取其他通风措施。

3. 在操作时应戴防毒口罩、纱布口罩,连续操作2h后,应外出休息一会儿,每天下班后用清水漱口。

4. 采用水溶性黏结胶以及水溶性黏结剂时应用无毒难燃材料,并在饭前漱口洗手。

(四)地毯铺设安全要求

1. 必须单独设置保存或存地毯板材和胶结剂的库房,设有足够的消防器材。

2. 安装地毯倒钩时两端应进行防护,防止扎脚和破坏。

3. 黏结地毯垫和地毯时必须通风良好,应打开门窗、通风换气。操作过程中应戴防毒口罩、纱布口罩,严禁吸烟。

四、涂饰工程安全技术

(一)一般规定

涂饰工程施工前应对施工操作人员进行安全教育,使之对使用的涂料的性能及安全措施

有基本了解，并在操作中严格执行劳动保护制度。喷涂用的空压机、搅拌机、栓塞或挤压泵等机械设备操作时，各种电气设备应做好接零或接地保护。二层以上外门、窗及门窗口、墙面涂刷时，操作人员必须戴安全带，并将其挂在牢固可靠的地方。高度超过 4 m 的单层厂房或楼层上部的涂刷作业，要搭脚手架。脚手架的搭设应符合标准规定。使用高凳，人字梯应支放平稳。高凳、人字梯下脚应钉胶皮防滑。人字梯两腿间应设拉绳或搭钩，并随时检查拉绳、搭钩的可靠程度，防止发生事故。

门窗、细部及墙面打砂纸时，操作人员应站在上风头。施工现场必须具有良好的通风条件，在通风条件不良的情况下必须安置临时通风设备。工程所用的龙门架与井字架、脚手架、木直梯与折梯以及"三宝"与"四口"防护等，均应符合有关规定，并在使用前经检验符合要求后，才能安排施工。运送涂料的道路，应清除障碍物，盖好预留孔。运送时将桶、壶、罐垫平垫稳，防止倾倒与滑落。

清洗工具及容器的废溶剂，不准随意倾倒，应妥善加以处理。施工作业现场周围不得堆积易燃、易爆物品。刨花、锯末要及时清理并存放到安全地点，不得随意乱扔、乱抛，严禁烟火。从涂料桶内向外倒涂料时，应及时将开口封严。每班工作后，必须将剩下的涂料及工具送回库房，妥善保管。材料存放要远离火源，以防发生火灾。

喷刷涂料的工作人员，如在施工过程中有感到头晕、心悸、恶心等情况，应立即离开工作岗位到通风良好的地方换换空气。如仍不舒服，应及时赶赴医疗部门诊治。

(二)水溶性涂料、溶剂型涂料施工的安全技术要点

1. 使用钢丝刷、板锉等工具除锈、墙面与木地面打砂纸时，要戴防护眼镜、口罩。用喷砂除锈时喷砂前应检查设备、管道、压力表等是否正常。喷嘴接头要牢固，不准对人。停车后应待喷砂管路内压缩空气排净后才能放喷枪。喷嘴堵塞时，必须立即停机，待消除管内压力后才能修理与更换。

2. 酸洗除锈时，操作人员必须按规定穿好防护服(衣、帽、鞋、袜)，戴好防护眼镜、口罩。配制稀硫酸液时必须将硫酸缓缓倒入水中，不得将水倒入硫酸中，且酸洗池内酸液液位要适当。酸洗时，要严格控制酸洗液外溢或溅出池外。下班后要关窗、锁门，并派专人值班。

3. 使用汽油、丙酮、松香水等调配油料，地板刷聚氨酯清漆、墙面油漆，室内或容器内喷涂，都必须穿戴好防护用品。其操作地点要通风良好，严禁烟火。采用静电喷涂时，还要根据其具体情况，设置保护接地装置。在喷刷红丹防锈漆以及其他含铅颜料时，为预防铅中毒，操作人员必须戴好口罩和手套。

4. 水落管、封檐板刷涂以及 2 m 以上的其他涂料作业，应搭设脚手架或吊架。在铁皮屋面上刷涂时应有活动板梯、防护栏杆和安全网。

5. 输浆泵应按照规定压力进行，超压或管道堵塞应卸压检修。室内大面积喷刷涂料时，其临时照明和其他电器必须按规定的防爆等级安装。机械喷涂应戴防护用品，压力表安全阀应灵敏可靠，输浆管各部接口应拧紧卡牢。管路摆放顺直，避免折弯。

6. 使用喷灯时，加油不得过满，使用时间不宜过长，点火时火嘴不准对人。

7. 遇有 6 级以上大风，不得进行高处外墙面喷涂施工。在阳台、上跳板悬挑及悬空部位的施工人员应系好安全带。高处作业时，木制刮杠要放在脚手板上放平稳，防止坠落伤人。堆放材料要分散。

(三)消防机具的安全注意事项

1. 喷涂用的机械应及时维护保养，并设专人保管，维修管理人员应熟知机械性能及故障

排除方法。操作时应随时检查机械运转、部件接头及其压力表，安全阀应及时校验，发现异常应及时停机，排除故障，确保灵敏可靠。

2. 喷涂中所用的机械、手持电动工具等，必须严格遵守机械操作规程中施工机具的规定接零或接地、安装漏电保护器。

3. 注意控制输送压力，经常检查胶管，防止崩裂。

4. 移动式照明灯必须使用安全电压，机电设备应固定专人或电工操作。现场一切机电设备非操作人员一律禁止乱动。

5. 各类工具用完后按种类安置好。

(四)涂饰工程的防火要求

1. 涂料库房与建筑物必须保持一定的安全距离；要有严格的管理制度，专人负责；库房内严禁烟火，并有明显的标志，配备足够的消防器材。库房内的稀释剂和易燃涂料必须堆放在安全处，切勿放在门口和人经常走动的地方。施工现场不得有明火，周围不得堆积易燃、易爆物品。涂刷涂料时要严禁吸烟。

2. 在刷(喷)涂料过程中要及时清理、收集粘有涂料、稀料的废弃物，并将其集中存放在有盖的金属容器内，及时妥善处理。工作完毕，未用完的涂料和稀释剂应及时清理入库。

3. 在掺入稀释剂、快干剂时禁止烟火，以免引起燃烧。喷涂场地的照明灯应用玻璃罩保护，以防漆雾粘上灯泡而引起爆炸。

4. 木地板、门窗下的油皮应及时烧掉、水泡或土埋，以免自燃起火。熬胶、熬油时，应清除周围的易燃物和火源，并应配备相应的消防设施。

5. 冬季喷涂时，因天冷油漆必须加温时应用水煮油罐。严禁直接把油罐放在火上烘烤。油漆内必须掺加易挥发的溶剂时其操作地点必须严禁烟火、远离火源。

五、裱糊与软包工程的安全技术

(一)裱糊与软包工程安全规定

1. 采用高凳、架梯不允许垫高使用，下脚应绑麻布或垫胶布，并加拉绳，防止滑溜。在超高的墙面裱糊时，逐层架木要牢固，并设护身栏等。操作人员要认真领会安全技术交底，在岗时间处处注意安全。

2. 在架子上操作，思想要集中，不得嬉戏打闹，以防意外事故发生。脚手架搭设后，应进行检查，符合要求后方可上人操作，搭设脚手板不得放在凳梯的最高一档。板两端搭接长度不应少于 20 cm，不得有探头板。在一块脚手板上不得站两人同时操作。脚手板不允许搭在门窗、暖气片和水暖立管上。

3. 移动式照明灯必须使用安全电压，机电设备(钻台、切割机、手电钻等)应固定专人或电工操作。现场一切机电设备非操作人员一律禁止乱动。

4. 施工人员严禁光脚、穿拖鞋、穿高跟鞋和硬底鞋进入现场和作业。

5. 现场严禁吸烟，材料存放要远离火源，以防发生火灾。现场要通风良好，严防中暑、中毒事件发生。

6. 库房与建筑物必须保持一定的安全距离；要有严格的管理制度，专人负责；库房内严禁烟火，并有明显的标志，配备足够的消防器材。工作完毕应将垃圾清理干净，未用完的材料入库或码放整齐、盖好，以防发生火灾。

（二）壁纸粘贴工程安全技术要点

1. 用刀裁割壁纸时，防止裁刀伤手。

2. 在脚手架上操作的人数不能集中，堆放的材料应散开，存放工具的器具要放牢靠，以免坠落伤人。层高在3.6 m以下时工人自己搭设的脚手架或采用双脚三角高凳其间距应小于2 m。

3. 施工现场必须具有良好的通风条件，在通风条件不良的情况下，必须安置临时通风设备。

六、细部装饰工程安全技术

细部装饰工程是指壁柜、吊柜、窗帘盒、窗台板和散热器及门窗套等部位和装饰器件的安装，这些部位虽然工程量不大，工程造价不高。但施工繁琐，技术要求比较高，并直接暴露在外，施工质量要保证。细部装饰工程安装要注意以下安全技术要点：

1. 施工前必须进行安全交底，落实各项安全措施及防护设施，每班作业前，应重点检查脚手架设施、起重吊装设备、电气设备、机械设备状况。如有故障应迅速修复，不能"带病运转"。必须认真贯彻执行安装工程安全技术规程的规定。

2. 进入施工现场必须戴安全帽，从事手持电动工具操作人员，必须戴绝缘手套及穿绝缘鞋。采用高凳、架梯不允许垫高使用，下脚应绑麻布或垫胶布，并加拉绳，防止滑溜。

3. 现场照明的电压必须小于36 V安全电压。动力设施用电应由专设的开关箱控制，内部应有防止过载、过流及欠电压保护元件。

4. 应了解花饰黏结材料油漆、涂料等其性能，是否有腐蚀性，是否易燃。如有特殊要求时应遵守有关规定，备齐劳动保护用品。现场严禁吸烟，远离火源。

5. 使用手持电动工具时的电源线路必须绝缘良好，一定要有接地线。使用射钉枪的人员应经过培训。严格禁止将枪口对准人，严禁把射钉弹交与无关人员。

6. 在超高的墙面施工时，必须佩戴安全带，逐层架木要牢固，并设护身栏等。在架子上操作，思想要集中，不得嬉戏打闹，以防意外事故发生。

7. 库房内材料摆放整齐，严禁烟火，并有明显的标志，以防火灾发生。库房与建筑物必须保持一定的安全距离；要有严格的管理制度，专人负责；库房内严禁烟火，并有明显的标志，配备足够的消防器材。

8. 工作完毕应将垃圾清理干净，未用完的材料入库或码放整齐、盖好，以防发生火灾。

第五节　隔墙及吊顶工程安全技术

一、隔墙工程的安全技术

（一）轻质隔墙工程安全要求

1. 施工人员严禁光脚、穿拖鞋、穿高跟鞋和硬底鞋进入现场和作业。

2. 手持电动工具和机械设备，应按施工机具中有关规定设置漏电保护、安全防护装置、接零和接地装置。

3. 安装使用的高凳、金属支架应平稳牢固，脚手架跨度不得大于2.0 m。在同一跨度内不得超过2人。移动脚手架时下面不得站人。高凳高度不得超过1.8 m。安装用的梯子不得缺档。梯子放置不应过陡。禁止两人同时在一梯上作业。作业人员不得站在人字梯、高凳上端头作业。

4. 材料堆放位置要平稳、适当，特别是高处作业时不得影响运料、通道和操作，工具要放入工具袋，上下传递工具、材料要用绳系，严禁向下抛。

5. 隔断高度超过 4 m 时应搭设脚手架。脚手架搭设必须符合脚手架工程的有关规定。

(二)木制隔断安装的安全要求

1. 木工机械如电锯、电刨应由专人负责，及时维修、保养，严格按安全技术操作规程作业。电锯、电刨等应使用专线专闸。

2. 施工作业现场周围不得堆积易燃、易爆物品。刨花、锯末要及时清理并存放到安全地点，不得随意乱扔、乱抛，严禁烟火。

3. 安装填充物时，施工人员应发风镜和口罩，防止吸入呼吸道。

4. 在夜间或阴暗处作业，应用 36 V 以下低压照明。

(三)纸面石膏板隔断安装的安全要求

1. 安装轻钢骨架时，不得触动电线。如电线妨碍操作时，由专业电工拆移，其他人员不得操作。

2. 安装轻钢龙骨隔断时如需电焊，应按规定办理动火证，由项目经理协调工序，防止火灾的发生。作业时应由专人看管余火，焊渣及时清理。

3. 安装填充物时，施工人员应戴风镜和口罩，防止吸入呼吸道。

4. 不得将脚手架搭绑在骨架上，更不得将骨架作为脚手架的承重杆和固定杆。

(四)冲击电钻、电锤使用的安全要求

1. 作业时应紧握冲击电钻或电锤手柄，打孔时先将钻头抵在工作表面，然后开动，用力适度，避免晃动；转速若急剧下降，应减少用力，防止电机过载，严禁木杠加压。

2. 钻孔时，应注意避开混凝土中的钢筋。

3. 冲击电钻和电锤为 40% 连续工作制，不得长时间连续使用。作业钻孔在 25 mm 以上时，应有固定的作业平台，周围应设护栏。

(五)射钉枪使用的安全要求

1. 严禁用手掌推压钉管和将枪口对准人。

2. 击发时，应将射钉枪垂直压紧在工作面上，当两次扣动扳机，子弹均不击发时，应保持原射击位置数秒后，再退出射钉弹。

3. 在更换零件或断开射钉枪前，射钉枪内均不得装有射钉弹。

二、吊顶工程的安全技术

(一)吊顶工程一般安全规定

1. 施工中应遵守操作规程。高空操作时注意物体坠落伤人。现场注意防火防毒。禁止从门窗口向外抛投杂物，防止伤人。施工现场严禁吸烟。

2. 在吊顶内作业时，应搭设马道，非上人吊顶严禁上人。现场设备及照明用电，应严格按规程操作。

3. 安装轻钢骨架时不得触动电线。如电线妨碍操作时，由专业电工拆移，其他人员不得操作。

4. 安装轻钢龙骨时如需电焊，应由项目经理协调工序，防止火灾的发生。作业时应由专人看管余火，焊渣及时清理。

5. 门窗未安前施工，如遇大风禁止安装面板。

6. 搬运板材时，应拿稳轻放，防止伤手和砸脚，垫木距立边不得大于 150 mm。水平堆放的板材应整齐、平稳，高度适宜，运输通道不小于 1.5 m。

7. 现场材料进场后应按材料的种类、规格水平堆放。易燃易爆材料要远离火源，设专人看管。库房与建筑物必须保持一定的安全距离；要有严格的管理制度，专人负责；库房内严禁烟火，并有明显的标志，配备足够的消防器材。

8. 工作完毕应将垃圾清理干净，未用完的材料入库或码放整齐、盖好，以防发生火灾。

(二)轻钢龙骨吊顶安全技术要求

1. 脚手架搭设后，应进行检查，符合要求后方可上人操作，搭设脚手板不得放在凳梯的最高一档。板两端搭接长度不应少于 20 cm，不得有探头板。在一块脚手板上不得站两人同时操作。脚手板不允许搭在门窗、暖气片和水暖立管上。高凳高度不得超过 1.8 m。如高度超过 1.8 m 时，必须搭设脚手架。

2. 现场操作用梯子应注意防滑，采用高凳、架梯不允许垫高使用，下脚应绑麻布或垫胶布，并应拉绳，防止滑溜。在架子上操作，思想要集中，不得嬉戏打闹，以防意外事故发生。现场不得穿拖鞋或赤臂工作。

3. 施工现场必须具有良好的通风条件，在通风条件不良的情况下必须安置临时通风设备。严防中暑、中毒事件发生。材料堆放位置要平稳、适当，特别是高处作业时不得影响运料、通道和操作，工具要放入工具袋，上下传递工具、材料要用绳系，严禁向下抛。

4. 吊顶高度超过 4 m 时，应搭设脚手架。脚手架搭设必须符合脚手架工程的有关规定。

5. 施工作业现场周围不得堆积易燃、易爆物品。刨花、锯末要及时清理并存放到安全地点，不得随意乱扔、乱抛，严禁烟火。

6. 脚手架妨碍操作时应由架子工处理，严禁非架子工翻脚手板或搭设临时架子。

7. 电动工具必须安装漏电保护器，操作时戴绝缘手套。

第六节　门窗、玻璃及油漆工程安全技术

一、门窗工程的安全技术

(一)门窗安装一般安全规定

1. 门窗安装施工人员，必须按规定穿戴安全带、安全帽，严禁光脚、穿拖鞋、穿高跟鞋、带钉易滑和硬底鞋进入现场和作业。手持电动工具和机械设备，要按施工机具的有关规定设置漏电保护器、安全防护装置和接零。

2. 操作人员在作业前，应检查工具如斧、锤、锯等的安装是否牢固，设备、工具的安全防护、漏电保护、接零是否齐全、有效，符合要求后才能作业。使用手持电动工具时要戴好绝缘手套。

3. 安装用的梯子不得缺档。梯子放置不应过陡。梯子与地面夹角一般为 70° ~ 80°为宜。禁止两人同时在一梯子上作业。梯子下脚要绑胶皮防滑。使用人字梯时，其定位拉绳必须牢固。操作人员不得站在人字梯、高凳上端头作业。

4. 材料堆放要位置适当、平稳，特别是高处作业时不得影响运料通道和操作，工具要放入工具袋，上下传递工具、材料要用绳系，严禁抛掷。

5. 二层以上安装窗口、窗扇，如外面无脚手架及安全网时，操作人员要带好安全带。安全带要挂在安全可靠的地方。

（二）木门窗安装的安全技术要点

1. 立木门口应用临时支撑固定。支撑上端应用钉子钉在框的上部内侧，下端用砖压住，严禁绑在或钉在脚手架上。试装门窗扇时，应用木楔把门、窗扇在下边塞牢才能检查缝隙等，防止门窗扇倒落伤人。

2. 下班前应将正在安装的门、窗扇装好，上完合页、插销等五金，不得将修刨完的门、窗扇用木塞塞好就离开现场，以防他人拉拽门、窗扇，摔倒或坠落。

3. 木门窗安装均应用小五金固定，不得用其他钉子代替，不得将木螺丝打入全部深度。调整自由门弹簧合页时，销钉不得用钉子代替，以免弹出伤人。

4. 门、窗扇装好后，应及时将插销插好，及时将刨花打扫干净运到指定的安全地点，严禁向室外乱抛。

（三）钢门窗安装的安全技术要点

1. 运输、安装钢门窗时，不得触动电线。如电线妨碍操作时，应有持证电工拆移，其他人员不得操作。立钢门窗时，要用门楔在门窗扇下边背紧，以免碰撞、震动倾倒伤人。

2. 安装钢门窗如需电焊时，应按规定办理动火手续，批准后才能动火。作业时应有专人配合持证焊工拉线、看火。

3. 钢门窗安装应两人配合作业，不得一人操作，以防倾倒伤人。下班时正在安装的钢门窗应在离开岗位前装好，不得中途下班，以免他人碰撞倾倒伤人。

4. 不得将脚手架排木搭绑在钢窗上，更不得将钢窗作脚手架的承重杆件或固定杆件。

二、玻璃工程施工的安全要点

1. 玻璃搬运前，应先检查玻璃箱的牢固情况，清理搬运道路上的障碍物。人力搬运零散玻璃时，操作者要戴手套或垫以布或厚纸等，以防被玻璃划伤。用小平车、汽车运玻璃时玻璃箱应立放，垫平垫稳。停车时应停在平坦的地面上。整箱卸玻璃时，起吊、落地要立放并垫稳防止倾倒。开箱后人工分块卸车时，应安排人站在玻璃箱两头扶稳玻璃，防止玻璃倾倒伤人。放玻璃时，要立放并与地面有一定角度，防止玻璃倾倒。

2. 裁划玻璃要小心，应在指定场所进行。裁好的成料要按规格分别立靠在墙或支架上，并与地面有一不使玻璃倾倒的角度。裁下的边角余料要集中堆放，并及时处理，不得乱丢乱扔，以防扎伤他人。

3. 安装玻璃时，作业人员所使用的工具要放入工具袋内，随安随取，同时严禁将铁钉含于口内。使用的木梯严禁靠在门、窗扇及玻璃上。玻璃要随安随钉牢，玻璃未钉牢前，不得停工撤离工作岗位；在安装完后，应随即将风钩挂好或插上插销，以防风吹窗扇碰碎玻璃掉落伤人。

4. 在高处安装玻璃，必须系安全带、穿软底鞋，应将玻璃放置平稳，安装屋顶采光玻璃，应铺设脚手板。操作人员应站在脚手板上作业。玻璃应平放在脚手板的适当位置。天窗及高层房屋安装玻璃时，施工点的下面及附近严禁行人通过，以防玻璃及工具掉落伤人。

5. 安装窗扇玻璃时要按顺序依次进行，不得在垂直方向的上下两层同时作业，以避免玻璃破碎掉落伤人。玻璃未钉牢固前，不得中途停工以防掉落伤人。

6. 安装完后所剩下的残余破碎玻璃应及时清扫和集中堆放，并要尽快处理，以避免玻璃碎屑扎伤人。

三、油漆工程

（一）油漆工程施工的安全要点

1. 各类油漆，因其易燃或有毒，故应存放在专用库房内，不允许与其他材料混堆。对挥发性油料必须存于密闭容器内，并设专人保管。库房应通风良好，不准住人，并设置消防器材和“严禁烟火”明显标志。库房与其他建筑物应符合防火规定。在喷涂硝基漆或其他挥发性、易燃性溶剂稀释的涂料时不准使用明火。

2. 使用钢丝刷、板锉、气动、电动工具清除铁锈、铁鳞时为避免眼睛受伤，需戴上防护眼镜、口罩。用喷砂除锈时，喷砂前应检查设备、管道、压力表等是否正常，喷嘴接头要牢固，不准对人。停车后应待喷砂管路内压缩空气排净后才能放喷灯。喷嘴堵塞时必须立即停机，待消除管内压力后才能修理与更换。

3. 酸洗除锈时，操作人员必须按规定穿好防护服（衣、帽、鞋、袜）、戴好防护眼镜、口罩。配制稀硫酸液时，必须将硫酸缓缓倒入水中，且酸洗池内酸液液位要适当。酸洗时，要严格控制酸洗液外溢或溅出池外。下班后要关窗、锁门，并派专人值班。

4. 使用煤油、汽油、松香水、丙酮等易燃物调配油料，地板刷聚氨酯清漆、墙面油漆、室内或容器内喷漆时都必须穿戴好防护用品。其操作地点要通风良好，严禁烟火，严禁吸烟。采用静电喷涂，为避免静电积聚，喷涂室（棚）应有接地保护装置。

5. 刷窗户时，严禁站或骑在窗槛上操作，以防槛断人落。刷外开窗扇漆时，应将安全带挂在牢靠的地方。刷封檐板、水落管等应搭设脚手架或吊架。在坡度大于25°的铁皮屋面上刷油时，应设置活动板梯、防护栏杆和安全网。

6. 涂刷大面积场地时，其临时照明和其他电器必须按防爆等级规定进行安装。操作人员在涂刷红丹防锈漆及含铅颜料的油漆时，要注意防止铅中毒，作业时要戴上口罩。使用喷灯时，加油不得过满，打气不应过足，使用的时间不宜过长，点火时火嘴不准对人。喷漆用的机械应及时维护保养，并设专人保管。其压力表、安全阀应及时校验，确保灵敏可靠。

7. 施工场地应有良好的通风条件，如在通风条件不好的场地施工时，必须安置通风设备方能施工。涂刷作业过程中，操作人员如感头痛、恶心、心闷或心悸时应立即停止作业到户外呼吸新鲜空气；如仍不舒畅，应去医疗部门诊治。

8. 沾染油漆或稀释油类的棉纱、破布等物，应全部收集存放在有盖的金属箱内，待不能使用时应集中销毁或用碱剂将油污洗净以备再用。使用喷浆机，手上沾有浆水时不准开关电闸，以防触电。喷嘴堵塞，疏通时不准对人。

9. 二层及以上外门、窗刷油、安玻璃等作业，操作人员必须戴安全带，并将其挂在牢固可靠的地方。高度超过4 m的单层厂房或楼层上部的油漆、玻璃作业，要搭设脚手架。遇有上下立体交叉作业时，作业人员不得在同一垂直方向上操作。

10. 冬季喷刷油漆，因天冷油漆必须加温时，应用水煮油罐。严禁直接把油罐放在火上烘烤。油漆内必须掺加易挥发的溶剂时，其操作地点必须严禁烟火、远离火源。

（二）苯中毒表现及预防措施

苯是无色透明有芳香味的液体，沸点80 ℃，极易挥发，涂料工业中作为溶剂使用。

中毒表现有：头痛、头晕、记忆力减退、无力、失眠等。另外，苯还能引起皮肤干燥瘙痒，发红；热苯可引起皮肤水泡，有时还出现脱脂性皮炎。

预防措施：加强自然通风和局部通风，加强卫生宣传，不能用苯洗手。

（三）铅中毒的表现及预防措施

铅中毒是指包括铅白、铅铬绿、红丹、黄丹等含铅化合物中毒。

铅中毒表现：铅中毒比较缓慢，日久方能发觉体弱易倦，食欲不振，体重减轻，脸色苍白，肚痛，头痛，关节痛等。

预防措施有：

1. 用偏硼酸钡，云母氧化铁，铝粉，铁红或铝红粉等防锈漆来代替红丹防锈漆。

2. 饭前洗手，下班淋浴。

3. 必须采用红丹防锈漆时，应以刷涂施工为宜，应加强通风等防护措施。

（四）刺激性气体、汽油中毒伤害的防护

1. 刺激性气体例如氯气等，它们对眼睛、呼吸道以及皮肤都有损害。施工中应加强个人防护，掌握有关防治知识。加强通风和局部机械通风，使操作场所有害气体浓度降低到容许浓度以下。

2. 汽油是一种无色透明液体，具有挥发性。在超过汽油蒸气容许浓度的环境中长期工作，会出现中毒表现，能发生神经系统和造血系统损害，皮肤接触后也可能产生皮炎、湿疹和皮肤干燥。预防措施是改善生产环境，加强排风，在高浓度环境工作时，要戴防毒面具。施工中手上可涂保护性糊剂进行保护，工作结束后，用水和肥皂洗净。

（五）生漆的毒性及预防方法

生漆内的漆酚有使人体皮肤致敏性的刺激物，0.001 g 的生漆即可使敏感动物产生皮疹；大多数初与生漆接触的人，易得过敏性皮炎，一般称为漆疮。

对漆疮的预防方法有以下几种：

1. 施工现场要有较好的通风条件，施工人员施工前必须把劳动防护用具穿戴齐全，以尽量减少皮肤裸露处，减少人体沾漆的可能性。

2. 施工前在皮肤裸露处涂一层甘油、食用植物油或护肤防裂膏、香脂、专门配制的防护油膏等。

3. 施工后即使双手未沾上生漆也必须清洗后才能与其他皮肤接触。

第七节　柔性防水工程安全技术

一、柔性防水的一般安全规定

柔性防水主要是指利用防水卷材进行防水处理。防水卷材主要包括高聚物改性沥青防水卷材、合成高分子防水卷材、沥青防水卷材、高分子涂膜防水等。

1. 材料存放于专人负责的库房，严禁烟火，并应挂有醒目的警告标志。患有皮肤病、眼病、刺激过敏者不得参加防水作业。施工过程中发生恶心、头晕、过敏等现象时，应停止作业。

2. 施工现场和配料场地应通风良好，操作人员应穿软底鞋、工作服，扎紧袖口，并应佩戴手套及鞋盖。涂刷处理剂和黏结剂时，必须戴防毒口罩和防护眼镜，外露皮肤应涂擦防护膏。操作时严禁用手直接揉擦皮肤。

3. 装卸溶剂的容器，必须配软垫，不准猛推猛撞。使用容器后，其容器盖必须及时盖严。使用液化气喷枪及汽油喷灯点火时，火嘴不准对人。汽油喷灯加油不得过满，打气不能过足。

4. 防水卷材采用热熔黏结，使用明火（喷灯）操作时，应申请办理用火证，并设专人看火。

配有灭火器材，周围 30 m 以内不准有易燃物。

5. 在坡度较大的屋面运油，应穿防滑鞋，设置防滑梯，清扫屋面上的砂粒等。油桶下设桶垫，必须放置平稳。屋面四周没有女儿墙和未搭设外脚手架时，施工前必须搭设好防护栏杆，其高度应高出屋面 1.2 m。防护栏杆应牢固可靠。

6. 雨、雪、霜天应待屋面干燥后施工，6 级以上大风应停止室外作业。

二、柔性防水工程的施工准备工作

1. 熔化桶装沥青，先将桶盖和气眼全部打开，用铁条串通后方准烘烤，并经常疏通放油孔和气眼，严禁火焰与油直接接触。熬油炉灶必须距建筑物 25 m，上方不得有电线，地下 5 m 内不得有电缆，锅与烟囱的距离应大于 80 cm，锅与锅之间的距离应大于 2 m，火口与锅边应有高 70 cm 的隔离设施。临时堆放沥青燃料的场地，离锅不小于 5 m，并应配备锅盖或铁板、灭火器、砂袋等消防器材。

2. 熬沥青前，应清除锅内杂质和积水。加入锅内的沥青不得超过锅容量的 3/4。下料应慢慢溜放，严禁大块投放。熬油的作业人员应严守岗位，注意沥青温度变化。随着沥青温度变化应慢火升温。沥青熬制到由白烟转黄到红烟时应立即停火。如着火，应用锅盖或铁板覆盖。地面着火，应用灭火器、干砂等扑火，严禁浇水。下班熄火，并闭炉门，盖上锅盖。

3. 下班清洗工具，未用完的溶剂必须装入容器，并将盖盖严。配制、贮存、涂刷冷底子油的地点严禁烟火，并不得在 30 m 以内进行电焊、气焊等明火作业。配制冷底子油，下料应分批、少量、缓慢，不停搅拌，不得超过容器的 1/2，温度不得超过 80 ℃，并严禁烟火。

4. 运上屋面的材料，如卷材、绿豆砂等，应平均分散堆放，随用随运，不得集中堆料。在坡度较大的屋面上堆放卷材时，应采取措施，防止滑落。铺贴垂直墙面卷材，其高度超过 1.5 m 时，应搭设牢固的脚手架。

5. 配制速凝剂时，操作人员必须戴胶皮手套或胶皮手指套。处理漏水部位，必须用手接触掺促凝剂的砂浆时，要戴胶皮手套或胶皮手指套。

三、柔性防水施工的安全技术要点

1. 用热玛蹄脂粘铺卷材时，浇油和铺毡人员应保持一定距离，浇油时，檐口下方不得有人行走或停留。以防沥青流落伤人。装运沥青的勺、桶、壶等工具，不得用锡焊。盛油量不得超过容器的 2/3。运输时，肩挑或用手推车，道路要平坦，绳具要牢固，吊运时油桶下方 10 m 半径范围内严禁站人。

2. 浇倒热沥青时，必须注意屋面的缝隙和小洞，防止沥青漏落。浇倒屋面四周边缘时，要随时拦扫下淌的沥青，以免流落下方，并应通知下方人员注意避开。浇倒热沥青与铺贴卷材的操作人员应保持一定距离，并根据风向错位，壶嘴要向下，不准对人，浇至四周边缘时要侧身操作，以避免热沥青飞溅烫伤。

3. 避免在高温烈日下施工。在地下室、基础、池壁、管道、容器内进行有毒、有害的涂料和涂抹沥青防水等作业时，应有通风设备和防护措施，并应定时轮换操作。

4. 地下室防水施工的照明用电，其电源电压应不大于 36 V。在特别潮湿的场所，其电源电压不得大于 12 V。

第八节　拆除工程安全技术

一、拆除工程的一般安全规定

1. 拆除工程的建设单位与施工单位在签订施工合同时，应签订安全生产管理协议，明确双方的安全管理责任。建设单位、监理单位对拆除工程施工安全负检查督促责任；施工单位对拆除工程的安全技术管理负直接责任。

2. 建设单位应向施工单位提供拆除工程的有关图纸和资料，拆除工程涉及区域的地上、地下建筑及设施分布情况资料。

3. 建设单位应负责做好影响拆除工程安全施工的各种管线的切断、迁移工作。当建筑外侧有架空线路或电缆线路时，应与有关部门取得联系，采取防护措施，确认安全后方可施工。施工单位应全面了解拆除工程的图纸和资料，进行实地勘察，按照国家和建设行政主管部门有关技术规范，编制施工方案和安全技术措施。

4. 拆除工程施工区域应设置硬质围挡，围挡高度不应低于1.8 m，市区主干道两侧不应低于2.5 m。非施工人员不得进入施工区。临街的被拆除建筑与交通道路应有一定的安全距离，当不能满足安全要求时必须采取相应的安全隔离措施。

5. 在拆除作业前，施工单位应在拆除作业前检查建筑内各类管线情况，确认全部切断后方可施工。拆除施工应分段进行，不得垂直交叉作业。作业面孔洞应封闭。采用起重机械拆除建筑时，应从上至下，逐层、逐段进行。先拆除非承重结构，再拆除承重结构。对于只进行部分拆除的建筑，必须先将保留部分加固，再进行分离拆除。

6. 施工中必须由专人负责监测被拆除建筑的结构状态，并做好记录。当发现有不稳定状态时，必须停止作业，采取有效措施，消除隐患。机械拆除时，严禁超载作业或任意扩大使用范围，供机械设备使用的场地必须保证足够的承载力。作业中不得同时回转、行走。机械不得带故障运转。

7. 当进行高处拆除作业时，对较大尺寸的构件或沉重的材料，必须采用起重机及时吊下，对拆卸下来的各种材料应及时清理，分类堆放在指定场所，严禁向下抛掷。

8. 拆除框架结构建筑，必须按楼板、次梁、主梁、柱子的顺序进行施工。拆除大型构件时，必须采用绳索将其挂牢，待起重机吊稳后方可进行气焊切割作业。吊运过程中，应采用辅助绳索控制被吊物处于正常状态。

二、拆除工程的具体安全措施

1. 清除屋顶防水层。施工人员上下屋顶要走专用通道，不得赤脚或穿硬底鞋作业。

2. 拆除屋面板。用起重机吊住屋面板四个吊环，如原有吊环严重锈蚀或损坏，则采取两根带子绳兜屋面板两端的吊装方法，气割焊缝要彻底清理干净。吊装时不得猛拽，用撬棍配合，等屋面板完全脱离屋架才允许起重机正常作业。拆除边缘的屋面板时，作业人员要挂好安全带，采取防滑措施。

3. 拆除圈梁及砖墙。用人工清理圈梁以上的砖墙，应事先搭设作业平台，且保证其强度满足安全要求。

4. 拆除折线屋架。用吊车挂好屋架吊装点，如果吊装点已经损坏或不能满足安全作业要求时,应采用钢丝绳兜住吊装点附近的屋架节点,注意保护系杆。用气割割断屋架和混凝土柱的焊缝,确定完全割开后,挂好溜绳,平稳吊下。

5. 拆除吊车梁。清除吊车梁和混凝土柱接缝处的混凝土,割开连接角钢,用起重机吊住行车梁的吊点,气割割开底部两侧焊缝,平稳吊下。

6. 吊柱子。用起重机吊住柱子,防止柱基突然粉碎,使柱子倾倒,然后爆破柱基。

7. 从事爆破拆除工程的施工单位,必须持有关部门核发的《爆破物品使用许可证》,从事爆破拆除施工的作业人员应持证上岗。

复习思考题

1. 砌砖施工有哪些安全技术要求?
2. 钢筋加工时有哪些安全技术要求?
3. 钢筋焊接时应注意哪些问题?
4. 混凝土浇筑与振捣有哪些技术要求?
5. 高处抹灰时应注意什么问题?
6. 涂饰工程施工如何做到防火要求?
7. 钢门窗安装的安全技术要点是什么?
8. 拆除工程的具体安全措施有哪些?

第八章

施工临时用电的安全

为了与正式工程上电气工程的区别，一般将施工过程中所使用的施工用电称为“临时用电”。施工现场的供用电设施一般比较简陋，使用期限短，且随施工的进展，供用电设施和用电负荷也在不断的变动，因此，为了确保施工供用电系统在施工中的人身安全和设备安全，在施工中，临时用电应按照建设部颁发的《施工现场临时用电安全技术规范》（JGJ 46—88）的规定执行。

第一节　施工临时用电的原则

一、临时用电施工组织设计

施工现场的用电设备在5台及5台以上或设备总容量在50 kW以上者，应编制临时用电施工组织设计，它是临时用电方面的基础性技术安全资料。它包括的内容有：

1. 现场勘探。
2. 确定电源进线和变电所、配电室、总配电箱等的装设位置及线路走向。
3. 负荷计算。
4. 选择变压器容量、导线截面和电器的类型、规格。
5. 绘制电气平面图、立面图和接线系统图。
6. 制定安全用电技术措施和电气防火措施。

二、接零保护

在施工现场专用电源（电力变压器等）为中性点直接接地的电力线路中，必须采用TN－S接零保护系统，即电气设备的金属外壳必须与专用保护零线连接。专用保护零线应由工作接地线、配电室的零线或第一级漏电保护器电源侧的零线引出。所谓TN－S系统就是电气设备金属外壳的保护零线要与工作零线分开，而单独敷设。也就是说在三相四线制的施工现场中，要使用五根线，第五根即为保护零线——PE线。

三、配电线路

施工现场的配电线路包括室外线路和室内线路，其敷设方式：室外线路主要有绝缘导线架空敷设（架空线路）和绝缘电缆埋地敷设（埋地电缆线路）两种，也有电缆线路架空明敷设的；室内线路通常有绝缘导线和电缆的明敷设和暗敷设两种。

1. 架空线路的安全要求

（1）架空线必须采用绝缘导线。

(2)架空线的挡距不得大于 35 m,线间距不得小于 30 mm,最大弧垂处与地面的最小垂直距离为:施工场所为 4 m,机动车道 6 m,铁路轨道为 5 ~ 7 m。

(3)用做架空线路的铝绞线截面不得小于 16 mm^2;铜线截面不得小于 10 mm^2;跨越公路、铁路、河流、电力线路挡距内的铝线截面不得小于 35 mm^2。

(4)架空线路必须设在专用电杆上,严禁设在树木和脚手架上。

2. 电缆线路的安全要求

(1)室外电缆的敷设分为埋地和架空两种,以埋地为宜,因为此法安全可靠,对人身危害小。

(2)埋设地点应保证电缆不受机械损伤或其他热辐射,并应避开建筑物和热能管道。

(3)电缆埋深不能小于 0.6 m,并在电缆上下各均匀铺设不小于 50 mm 厚的细砂,然后覆盖砖等硬质物体的保护层。

(4)橡皮电缆架空敷设时,应沿墙或电杆设置,严禁用金属裸线做绑线,电缆的最大弧垂距地面不得小于 2 m。

施工现场临时用电工程应采用放射型与树干型相结合的分级配电形式。第一级为配电室的配电屏(盘)或总配电箱,第二级为分配电箱,第三级为开关箱,开关箱以下就是用电设备,并且实行"一机一闸"制。

四、漏电保护

施工现场的漏电保护系统至少应按两级设置,并应具备分级分段漏电保护功能。

第一级漏电保护应设在开关箱,即在开关箱中必须装设漏电保护器。一般场所,其额定漏电动作电流应不大于 3 mA,额定漏电动作时间应小于 0.1 s;使用于潮湿场所和有腐蚀介质场所的漏电保护器,其额定漏电动作电流应不大于 15 mA,额定漏电动作时间应小于 0.1 s,并应采用防溅型产品。

第二级漏电保护应设在配电屏(盘)或总配电箱,即在配电屏(盘)或总配电箱中也必须装设漏电保护器。

为了充分体现漏电保护系统的分级分段保护功能,即开关箱以下用电设备的漏电由开关箱中的漏电保护器保护,开关箱以上,配电屏(盘)或总配电箱以下配电系统的漏电由配电屏(盘)或总配电箱中的漏电动作电流值和额定漏电的动作时间来控制,但为保护其漏电保护功能,其额定漏电动作电流与额定漏电动作时间之乘积($I \cdot t$),应小于国际公认的安全界限值 30 mA · s。

五、照明装置

在施工现场的电气设备中,照明装置与人的接触最为经常和普通。为了从技术上保证现场工作人员免受发生在照明装置上的触电伤害,照明装置必须采取如下措施:

1. 照明开关箱(板)中的所有正常不带电的金属部件,都必须作保护接零;所有灯具的金属外壳,必须作保护接零。

2. 照明开关箱(板)应装设漏电保护器。

3. 照明线路的相线必须经过开关,才能进入照明器,不得直接进入照明器。否则,只要照明线路不停电,即使照明器不亮,灯头也是带电的,这就增加了不安全因素。

4. 螺口灯头的中心触头必须与相线连接,其螺口部分必须与工作零线连接。否则,在更换和擦拭照明器时,容易意外触及螺口相线部分,而发生触电。

5. 灯具的安装高度既要符合施工现场实际,又要符合安装要求。按照《施工现场临时用电安全技术规范》(JGJ 46—88)要求,室外灯具距地不得低于3 m;室内灯具距地不得低于2.4 m。其中室内灯具对地高度与国家标准有关,正式工程中,室内照明灯具对地高度2.5 m,不会给安全带来不利影响。

第二节 施工临时用电设施检查与验收

一、架空与电缆线路检查验收

(一)架空线路检查验收

1. 导线的型号和截面应符合设计图纸要求。
2. 导线接头应符合工艺标准的要求。
3. 电杆的材质和规格符合设计要求。
4. 进户线高度、导线弧垂距地面高度符合规范规定。

(二)线路检查验收

1. 电缆敷设方式符合 JGJ 46—88 中规定及设计图纸要求。
2. 电线穿过建筑物、道路、易损部位应加导管保护。
3. 架空电缆绑扎、最大弧垂距地面高度应符合规范规定。
4. 电缆接头应符合规范规定。

二、室内配线检查验收

1. 导线型号及规格、距地高度符合设计图纸要求。
2. 室内敷设导线应用瓷瓶、瓷夹。
3. 导线截面应满足规范、标准规定。

三、设备安装检查验收

1. 配电箱、开关箱位置应符合规范规定和设计要求。
2. 动力、照明系统应分开设置。
3. 箱内开关、电器应固定,并在箱内接线。
4. 保护零线与工作零线的端子应分开设置。
5. 检查漏电保护器是否有效。

四、接地接零检查验收

1. 保护接地、重复接地、防雷接地的装置应符合规范要求。
2. 各种接地电阻的电阻值符合设计要求。
3. 设备的接地螺栓应紧箍。
4. 高大井架防雷接地的引下线与接地装置的做法应符合规范规定。

五、电气防护检查验收

1. 高低压线下方应无障碍。

2. 架子与架空线路的距离，塔吊旋转部位或被吊物边缘与架空线路距离应符合规范规定。

六、照明装置检查验收

1. 照明箱内应有漏电保护器，且工作有效。
2. 零线截面及室内导线型号、截面应符合设计要求。
3. 室内外灯具距地高度符合规范规定。
4. 螺口灯接线、开关断线是否是相线。
5. 开关灯具的位置应符合规范规定和设计要求。

第三节　施工临时用电安全技术

建筑施工现场临时用电工程中采用中性点直接接地的380 V/220 V三相四线制的低压电力系统。临时用电安全技术档案的内容应按临时用电规范规定的内容整理，由现场主管电气的技术人员负责建立与管理，于临时用电设施拆除后统一归档。

施工现场需要用电时，必须提前提出申请，经用电管理部门或现场负责人批准，通知维护班组进行接引。接引电源工作必须由维护电工进行，并应设专人进行监护。施工用电完毕后，应由施工现场用电负责人通知维护班组进行拆除。

一、临时用电施工组织设计

1. 施工组织设计和技术措施

施工现场临时用电设备在5台及5台以上者或设备总容量在50 kW及50 kW以上者，应编制时用电施工组织设计。临时用电设备在5台以下和设备总容量在50 kW以下者，应制定安全用电技术措施和电器防火措施。

2. 施工现场临时用电编制施工组织设计的要求

(1)施工现场(项目经理部)所编写的临时用电施工组织设计，必须符合《施工现场临时用电安全技术规范》(JGJ 46—88)中的有关规定。

(2)临时用电施工组织设计(方案)必须由电气技术人员编制，技术负责人审核，经上级技术主管部门批准后实施。

(3)临时用电施工组织设计进行补充修改时，临时用电施工组织设计必须单独编制，并能指导施工，作为施工的依据。

(4)变更或对临时用电施工组织设计进行补充修改时必须履行规范规定的手续，并补充施工图纸。

(5)施工前，电气技术人员应依据施工组织设计对维护班组进行书面安全技术交底，并履行签字、验收、复查等手续。

(6)临时用电工程完工后，按临时用电规范要求进行验收。验收合格后方可正式运行。

二、外电防护

在建工程(含脚手架)与外电架空线路边线之间必须保持最小安全操作距离：1 kV以下为4 m；1～10 kV为6 m；35～110 kV为8 m；154～220 kV为10 m；33～500 kV为15 m。对达不到最小安全操作距离要求时，必须采取防护措施，增设屏障、遮栏、围栏或防护网，并设置醒目的警示标志。施工现场外电防护宜采用搭设木脚手架，并用绝缘材料进行立面防护。在架设防护设施时，应在确认线路停电后实施，并应有电气工程技术人员或专职安全员负责监护。

高、低压线路下方、旋转臂架式起重机的任何部位及线路交叉的地方都要进行保护。

1. 在建工程不得在高、低压线路下方施工，高、低压线路下方不得搭设作业棚，建造生活设施，或堆放构件、架具、材料及其他杂物等。

2. 旋转臂架式起重机的任何部位或被吊物边缘与 10 kV 以下架空线路边线最小水平距离不得小于 2 m。

3. 施工现场的机动车道与临时用电线路交叉时，临时用电线路的最低点距路面的垂直距离的，最小安全操作距离应符合临时用电规范要求。

三、接零保护与防雷保护

（一）施工现场接零保护的安全技术要点

1. 在施工现场专用的中性点直接接地的电力线路中必须采用 TN－S 接零保护系统。电气设备金属外壳必须与专用保护零线连接。专用保护零线（简称保护零线）应由工作接地线、配电室的零线或第一级漏电保护器电源侧的零线引出。

2. 当施工现场与外电线路共用一个供电系统时，电气设备应根据当地的要求做保护接零或保护接地。在同一电源供电的系统内，不得一部分设备做保护接零，另一部分设备做保护接地。

3. 保护零线除在总配电箱处作重复接地外，还必须在配电线路的中间和末端处及负荷集中场所做重复接地。

4. 保护零线的截面应不小于工作零线的截面，同时满足机械强度要求。与电气设备相连的保护零线应为截面不小于 2.5 mm^2 绝缘多股铜导线。保护零线的统一标志为黄/绿双色线，在任何情况下，不准使用黄/绿双色线作负荷线。

5. 保护零线不得装设开关或熔断器。

6. 保护零线应单独敷设，不作他用。重复接地线应与保护零线相连接。

7. 电力变压器或发电机的工作接地电阻值不得大于 4 Ω。每一重复接地的接地电阻值应不大于 10 Ω。

8. 施工现场所有用电设备，除做保护接零外，必须在设备负荷线的首端处设置漏电保护器。

9. 架空线路终端、总配电箱或区域配电箱与电源变压器的距离超过 50 m 以上时，其保护零线（PE 线）应作重复接地。

10. 用电设备的保护零线应并联接零，严禁串联接零。

（二）施工现场防雷保护的安全技术要点

1. 施工现场和临时生活区内高度在 20 m 及以上的井字架、脚手架，正在施工的建筑物以及塔吊、机具、烟囱、水塔、滑模平台等设施，均应按规定装设防雷保护装置，当在其他永久性建筑物、构筑物防雷设施保护范围内时，可不再另设。

2. 施工现场所有防雷装置的冲击接地电阻值不得大于 30 Ω。

3. 各机械设备、设施的防雷引下线可利用设备（设施）的金属结构体，但应保证电器连接。其接地体可利用在建工程的联合接地体。在没有完成主体地下施工或回填土工程未完成时应按规定加打人工接地极。

四、架空线路与电缆敷设

(一)架设架空线路的安全技术要点

1. 架空线路必须采用绝缘铜线或绝缘铝线,且必须设在专用电杆上,严禁架设在树木、脚手架上。架空线路的相序排列与截面选择应符合临时用电规范要求。

2. 架空线路的档距不得大于35 m;线间距离不得小于0.3 m。多层架设时,横担的最小距离不低于0.6 m。

3. 架空线路宜采用混凝土杆或木杆。混凝土杆不得漏筋,不得有环向裂纹和扭曲等缺陷,木杆材质必须坚实,不得有腐朽、劈裂及其他损伤,其梢径应不小于130 mm。电杆的埋设深度宜为杆长的1/10或不小于0.6 m,拉线等的设置应符合临时用电规范的要求。

4. 当施工现场几种线路同杆架设时,高压线路必须位于低压线路上方;电力线路必须位于通讯线路上方。

5. 架空线路同一档距内,一根导线的接头不得多于1个;同一条线路在同一档距内接头不应超过2个。架空线路跨越公路、铁路或其他电力线路及厂内道路处不应有接头。

6. 架空线路的最大弧垂,离地面应高于4 m;跨越马路时应高于6 m;跨越建筑物屋顶时距顶部应大于2.5 m。

(二)电缆敷设的安全技术要点

1. 电缆干线应采用埋地或架空敷设,严禁沿地面明设,并应避免机械损伤和介质腐蚀。

2. 电缆应沿道路边或建筑物边缘埋设,并宜沿直线敷设;转弯处和直线段每隔20 m应设置电缆走向标志。

3. 电缆直埋时,敷设深度应不小于0.6 m,电缆上下应铺以软土或砂土,其厚度不得小于50 mm,然后覆盖砖等硬质保护层。

4. 电缆穿越建筑物、构筑物、道路、易受机械损伤的场所及引出地面从2 m高度至地下0.2 m处,必须做防护套管。

5. 电缆架空敷设时,应沿墙壁或电杆设置,并用绝缘子固定,严禁使用专属裸线作绑线。固定点间距应保证电缆能承受自重所带来的荷重,橡皮电缆的最大弧垂距地不得小于2.5 m。接头处应绝缘良好,不得承受张力,并应采取防水措施。

6. 在建高层建筑的临时电缆必须采用埋地引入。电缆垂直敷设的位置应充分利用在建工程的竖井、垂直孔洞等,并应靠近用电负荷中心,固定点每楼层不得少于1处。室内电缆水平敷设宜沿墙或门口固定,最大弧垂距地不得小于1.8 m。

7. 电缆线路应尽量减少接头,埋地敷设电缆的接头应设在地面上接线盒中。电缆接头应能防水、防尘、防机械损伤并尽量远离易燃、易爆、易腐蚀场所。

五、配电箱及电气元器件的设置与安装

(一)配电箱设置与安装的安全技术要点

1. 施工现场配电系统采用三级配电、两级保护,设置总配电箱、分配电箱、开关箱,实行分级配电。

2. 动力配电箱与照明配电箱宜分别设置,如合置在同一配电箱内,则动力和照明配电线路应分路设置。

3. 总配电箱应设在靠近电源的地方,分配电箱应装设在用电设备或负荷相对集中的地区。分配电箱与开关箱的距离不得超过 30 m,开关箱与其控制的固定用电设备的水平距离不宜超过 3 m。

4. 配电箱、开关箱应装设在干燥、通风及常温场所,不得装设在有严重损伤作用的烟气、蒸汽等或其他有害介质中。不得设置在宜受外来物体打击、撞击或有剧烈振动、液体浸泡、液体飞溅及热源烘烤的场所;否则,必须做特殊的防护处理。

5. 配电箱、开关箱周围应有足够二人同时工作的空间和通道,其周围不得堆放任何有碍操作、维修的物品。

6. 配电箱、开关箱安装要端正、牢固,移动式的箱体应设在坚固的支架上。配电箱、开关箱应采用厚度不小于 1.5 mm 铁板或优质绝缘材料制作。

7. 固定式配电箱、开关箱的下底与地面的垂直距离应在 1.3 ~ 1.5 m 之间;移动式配电箱、开关箱的下底与地面的垂直距离应为 0.6 ~ 1.5 m。

8. 配电箱、开关箱中导线的进出口应设在箱体的下底面,严禁从箱顶、箱侧、箱后或箱门处进出线。

进、出线应加护套,分路或成束并做防水弯,导线束不得与箱体进、出口直接接触。

移动式配电箱和开关箱的进、出线必须采用橡皮绝缘电缆。进入开关箱的电源线,严禁用插销连接。

9. 分配电箱、开关箱必须防雨、防尘。所有配电箱门应配锁,由专人负责管理。

10. 配电箱内的各种电器应按规定的位置固定在安装板上,不得歪斜和松动。

11. 配电箱、开关箱内的工作零线应通过接线端子板连接,并应与保护零线接线端子板分设,严禁采用“鸡爪”式接线方式。

12. 配电箱和开关箱的金属箱体、金属电器安装板以及箱内电器的不应带电金属底座、外壳等必须做保护接零,保护接零应通过接线端子板连接。

13. 配电箱应按临电规范要求装设隔离开关和具有过负荷和短路保护功能的漏电保护器或空气断路器。

14. 每台用电设备应有各自专用的开关箱,必须实行“一机一箱一闸一漏”制,严禁一个开关电器直接控制两台及以上用电设备(含插座)。

15. 开关箱内必须装设隔离开关和漏电保护器,漏电保护器应装设在设备负荷线的首端。开关箱内的漏电保护器其额定漏电动作电流应不大于 30 mA,额定漏电动作时间应小于 0.1 s。使用于潮湿和有腐蚀介质场所的漏电保护器应采用防溅型产品,其额定漏电动作电流应不大于 15 mA,额定漏电动作时间应小于 0.1 s。

16. 总配电箱与开关箱中两极漏电保护器的额定漏电动作电流和额定漏电动作时间应作合理配合,使之具有分级分段保护功能。

(二)电气元器件设置与安装的安全技术要点

1. 手动开关电器只许用于直接控制照明电路和容量不大于 5.5 kW 的动力电路。容量大于 5.5 kW 的动力电路应采用自动开关控制(如磁力启动器、接触器)。对于 11 kW 以上的用电设备则应用降压启动装置控制(如自耦变压器或 Δ – Y 控制电路)。

2. 各种开关电器的额定值应与其控制用电设备的额定值相适应。

3. 熔断器的容量大小,应按其控制的设备容量的 1.5 ~ 2 倍选取;照明按其额定电流的 1 倍选取。三相开关的保险容量、大小应一致。

4. 熔断器按“S”形用平垫压紧,同时将熔体按入灭弧槽内;熔丝斜口在上方,直口在下方。不得随意剪切,改变容量;熔断器内的石英砂应将空间填满,不得使熔体变形。严禁用其他金属材料,如铜线、铝线、铜丝等代替熔丝。

六、变配电设施及自备电源

(一)变、配电所的所址选择要求

1. 靠近电源,交通运输方便。

2. 接近负荷中心,便于线路的引入和引出。

3. 所区不受洪水冲浸、不积水,地面排水坡度不小于0.5%。

4. 设在污染源的全年最小频率风向下风侧,并避开易燃易爆危险地段和有剧烈振动的场所。

(二)变、配电室建筑要求

1. 防雨、防风沙、防火等级不低于三级,其中变压器室不低于二级,室内应配置沙箱和绝缘灭火器。

2. 能够自然通风,采用百叶窗或窗口装金属网,金属网孔不大于10 mm×10 mm,通风条件不足的,应有可保障的人工通风。

3. 邻街采光高窗的下檐与室外地面高度不小于1.8 m。

4. 配电室天棚距地面不低于3 m,配电装置的上端距天棚不小于0.5 m,门向外开并配锁,其高度和宽度便于设备出入。

5. 配电屏(盘)正面的操作通道宽度,单列布置不小于1.5 m,双列布置不小于2 m,配电屏(盘)后的维护通道宽度不小于0.8 m,侧面维护宽度不小于1 m。

6. 在配电室内设值班或检修室时,该室距配电屏(盘)的水平距离应大于1 m,并采取屏障隔离。

(三)配电屏以及控制、配电、维修室等安全技术要点

1. 配电屏(盘)或配电线路维修时,应悬挂停电标志牌。停、送电必须由专人负责。

2. 发电机组及其控制、配电、维修室等,在保证电气安全距离和满足防火要求的情况下可合并设置也可分开设置。

3. 柴油机应有单独的排烟管道和消音器;发电机房内架空敷设的排烟管应设隔热层。地沟内的排烟管穿越油管时应采取防火措施。发电机房外垂直敷设的排烟管至发电机房的距离不得小于1 m,排烟管的管口应高出屋檐,且不小于1 m。发电机组的排烟管道必须伸出室外。发电机组及其控制配电室内严禁存放储油桶。

4. 移动式柴油发电机拖车上部应设防雨棚。防雨棚应牢固、可靠。周围4 m内不得使用明火,不得存放易燃易爆物品。

5. 在双电源供电的施工现场,发电机组电源应与外电线路电源连锁控制(安装单刀双掷开关)并有独立的电源指示灯,严禁并列运行。

6. 发电机组应采用三相五线制中性点直接接地系统供电,并必须独立设置。

7. 并列运行的发电机应装设同期装置,必须在机组同期后再向负荷供电。

8. 发电机的出口侧应装设短路保护、过负荷保护及低压保护等装置。

9. 发电机室内应设可在带电场所使用的消防设施,并应设在便于取用的地方。

七、电动机械与手持电动工具

（一）塔吊、外用电梯、起重机的安全技术要点

1. 塔吊、外用电梯、滑升模板的金属操作平台和需要设避雷装置的井字架（龙门架）等，除应做好保护接零外，还必须按规定做重复接地。设备的金属结构架之间应保证电气连接。

2. 轨道式起重机电缆收放通道附近应清洁，不得堆放其他设备、材料和杂物。必须安装自动卷线装置，自动卷线装置动作必须灵活可靠；电缆不得在地上拖拉。

3. 塔式起重机、外用电梯等应按规范的规定设置防雷装置。测试合格后，设备方可使用。使用后，每季度复测一次。测试不合格的，根据有关规定或技术人员下发的技术措施进行修正。

4. 起重机附近应设置开关箱，开关箱内必须设置隔离开关和漏电保护器。未经有关人员批准，起重机上的电气设备和接线方式不得随意改动。

5. 需要夜间工作的塔吊，应设置正对工作面的投光灯。塔身高于 30 m 时，应在塔顶和臂架端部装设防撞红色信号灯。

6. 外用电梯轿厢内、外均应安装紧急停止开关。

7. 外用电梯轿箱所经过的楼层，应设置有机械或电气连锁的定型的防护门或栅栏。

8. 每日工作前必须对外用电梯的行程开关、限位开关、紧急停止开关、驱动机构和制动器等进行空载检查，正常后方可使用。检查时必须有防坠落的措施。

（二）施工现场使用的电焊机安全要求

1. 布置在室外的电焊机应设置在防雨和通风良好的地方。焊接现场不准堆放易燃易爆物品。

2. 电焊机开关箱内应设置隔离开关和漏电保护器，并应装设二次空载降压保护器。

3. 交流弧焊机一次侧电源线长度应不大于 5 m，进线处必须装设防护罩。

4. 电焊机的二次侧必须选用橡皮护套铜芯多股软电缆。电缆长度不超过 30 m，二次线出线采用铜接线端子连接，且必须装设防护罩。

（三）手持式电动工具选用

1. 一般场所应选用Ⅱ类手持电动工具，并应装设额定动作电流不大于 15 mA，额定漏电动作时间小于 0.1 s 的漏电保护器。若采用Ⅰ类手持式电动工具，还必须做保护接零。

2. 露天、潮湿场所或在金属构架上操作时，必须选用Ⅱ类手持式电动工具，并应装设防溅型漏电保护器。严禁使用Ⅰ类手持式电动工具。

3. 狭窄场所（如锅炉、金属容器、地沟、管道内等）宜选用带隔离变压器的Ⅲ类手持式电动工具；若选用Ⅱ类手持式电动工具，必须装设防溅型漏电保护器。隔离变压器和漏电保护器控制开关等必须装设在狭窄场所外面，工作时应有人监护。

（四）电动机械与手持电动工具的开关箱、插座、漏电保护器等安全技术要点

1. 移动式电动工具开关箱的电源开关应采用双刀开关控制，其开关箱距离不应大于 3 m。

2. 移动式电动工具、手持式电动工具采用插座连接时，其插头、插座应无损伤、无裂纹，且绝缘良好。

3. 夯土机械、潜水泵、振捣机械、水磨石机械等必须装设防溅型漏电保护器，其额定漏电动作电流不大于 15 mA，额定漏电动作时间不大于 0.1 s。

4. 打夯机械操作时应有专人调整电缆，操作者必须按规定佩戴绝缘保护用品。电缆长度

应不大于50 m。严禁电缆缠绕、扭结或被夯土机械跨越。

5. 电动建筑机械或手持电动工具的负荷线,必须按其容量选用无接头的多股铜芯橡皮护套软电缆。

八、室内配线及照明装置

一般场所的照明器具宜选用额定电压为220 V。对下列特殊场所的照明器具应使用安全电压:

1. 隧道、人防工程,有高温、导电灰尘或灯具离地面高度低于2.4 m等场所的照明,电源电压不应大于36 V。

2. 潮湿和易触及带电体场所的照明电源电压不得大于24 V。

3. 在特别潮湿的场所、导电良好的地面、锅炉或金属容器内工作的照明电源电压不得大于12 V。

(一)室内配线及绝缘子固定的安全技术要求

1. 室内配线应布线整齐,相对固定,使用橡皮绝缘软电缆和塑料护套线及采用绝缘铜线或绝缘铝线,应用瓷瓶、瓷夹或塑料夹敷设。距地面高度不得低于2.5 m。

2. 进户线在室外处要用绝缘子固定,进户线过墙时应穿套管,距地面高度应大于2.5 m,室外要做防水弯头。

(二)灯具的安装高度要求

1. 室外灯具距地面不得小于3 m,金属卤化灯具的安装高度不低于5 m,室内灯具不得低于2.4 m。插座接线时应符合规范要求,严禁在床头上设开关、插座。

2. 220 V碘钨灯的安装高度不得低于3 m,并保持水平,倾斜角不大于4°,只适宜用作固定灯具,外壳应做保护接零。当用作移动式灯具时,应采用36 V碘钨灯。当移动不频繁时,也可采用220 V碘钨灯,除外壳做保护接零外,还必须加装漏电保护器,移动人员应穿戴绝缘防护用品。

(三)使用行灯要求

1. 电源电压不得超过36 V,在金属容器和管道内使用时,电源电压不得超过12 V。

2. 灯体与手柄应坚固、绝缘良好,并耐热耐潮湿。

3. 灯头与灯体结合牢固,灯头无开关。

4. 金属网、反光罩、悬吊挂钩固定在灯具的绝缘部位上。

(四)照明系统的安全技术要点

1. 照明变压器必须使用双绕组型,严禁使用自耦变压器。行灯变压器一、二次侧均应装熔断器;金属外壳应做好保护接零。严禁将行灯变压器带进金属容器管道内使用。

2. 照明系统中的每一个单相回路上,灯具和插座的数量不宜超过25个,并装设熔断器和漏电保护器。

3. 灯具金属外壳必须做保护接零。照明开关箱(板)内必须装设漏电保护器。

4. 照明灯具与易燃物之间应保持一定的安全距离,普通灯具不宜小于300 mm;聚光灯、碘钨灯等高热灯具不宜小于500 mm,且不得直接照射易燃物。

(五)临时用电的安全管理

1. 施工现场临时用电施工,必须严格执行临时用电施工组织设计和安全操作规程。

2. 临时用电工程的安装、维修或拆除,必须由有关部门培训并取得上岗操作证的电工作业人员完成，电工进行作业时必须严格执行本岗位安全操作规程。

3. 电工作业人员不得带电作业，当确需带电作业时必须设监护人，严禁独立作业。作业人员必须正确使用电工器具。

4. 施工现场的电器线路必须保持良好的绝缘状况，并有防止人踩、车轧、水泡、土埋及物砸的措施。

5. 变电所（配电所）值班人员单独值班时，不得从事检修工作。变（配）电所必须配备足够的绝缘手套、绝缘杆、绝缘垫、绝缘台等安全工具及防护设备。

6. 停、送电前必须与各用电单位联系，严禁随便停、送电。

7. 送电操作顺序为总配电箱—分配电箱—开关箱；停电操作顺序为开关箱—分配电箱—总配电箱。当发生严重威胁人身及设备安全的紧急情况时，可以越位拉开负荷开关。

8. 使用设备前必须按规定穿戴和配备好相应的劳动防护用品，并检查电气装置和保护设施是否完好。严禁设备带"病"作业。

9. 机械操作人员负责保护所用设备的负荷线、保护零线和开关箱，发现问题及时报告。停用的设备必须拉闸断电，锁好开关箱。

10. 检查维修配电箱、开关箱时，必须将前一级相应的电源开关分闸断电，并悬挂停电标志牌，严禁带电作业。

11. 施工中不用的用电线路应及时切断电源或拆除。

12. 雨淋、水泡、受潮的电气设备应进行干燥处理，并摇测绝缘电阻，合格后方可使用。

13. 办公室及职工宿舍严禁其他任何非电工作业人员私自乱接热水器、电热毯等电器，防止触电造成人员伤亡。

复习思考题

1. 临时用电施工组织设计包括哪些内容？
2. 照明装置检查验收哪些内容？
3. 在建工程与外电线路边线之间必须保持的最小安全操作距离是多少？
4. 施工现场接零保护的技术要点是什么？
5. 变、配电所的所址选择应符合哪些要求？
6. 简述灯具的安装高度要求。
7. 照明系统的安全技术要点是什么？

第九章

夏冬、雨季施工安全

冬季低温季节，以及夏季炎热的季节，雨水频繁，气候变化无常给施工带来很大的困难，常规的施工方法已不能适应施工的需要，也给施工安全带来隐患。为了保证建筑工程在全年不间断地施工，在冬季、夏季以及雨季时，从具体条件出发，选择合理的施工方法，制定一些具体的施工安全措施，可以提高工程质量，保证施工安全，降低工程费用。

当进入季节性施工时，施工企业和施工现场应针对季节性施工的特点，制定相应的安全技术措施。

1. 冬季施工应制定防寒、防冻、防滑、防水、防煤气中毒、防亚硝酸钠中毒措施。
2. 雨季施工应制定防触电、防雷、防沉陷、防坍塌、防大风措施。
3. 夏季施工应制定防暑降温措施。
4. 进入季节施工时，应对操作人员进行季节施工的书面安全技术交底。交底书必须有交底时间、内容及交底人和接受人的签字。

第一节　夏季及雨季施工安全

夏季是施工的好时节，但日间气温偏高，雨季雨水频繁，个别地方还伴有台风、暴雨和潮汛。为保证施工安全，所以夏季及雨季应做好各项准备工作。

一、夏季施工的安全注意事项

1. 施工企业应为从事露天作业的人员提供防暑用品。
2. 高温工作场所，应有通风和降温设施。通风降温设施必须由专职或兼职人员管理。
3. 在高温环境下运转的机电设备，应配有冷却装置或通风装置，防止机电设备过热而发生事故。
4. 各种气瓶在存放和使用时避免在太阳光下暴晒。

二、雨季施工的特点及要求

（一）雨季施工的特点

1. 雨季施工的开始具有突然性。由于暴雨山洪等恶劣气象往往不期而至，这就需要雨季施工的准备和防范措施及早进行。

2. 雨季施工带有突击性。因为雨水对建筑结构和地基基础的冲刷或浸泡具有严重的破坏性，必须迅速及时地防护，才能避免给工程造成损失。

3. 雨季往往持续时间很长，阻碍了工程（ 主要包括土方工程、屋面工程等）顺利进行，拖延工期。对这一点应事先有充分估计并作好合理安排。

(二)雨季施工的要求

1. 编制施工组织计划时，要根据雨季施工的特点，将不宜在雨季施工的分项工程提前或拖后安排。对必须在雨季施工的工程制定有效的措施，进行突击施工。

2. 合理进行施工安排。做到晴天抓紧室外工作，雨天安排室内工作，尽量缩小雨天室外作业时间和工作面。

3. 密切注意气象预报，做好抗台风防汛等准备工作，必要时应及时加固在建的工程。

4. 做好建筑材料防雨防潮工作。

三、雨季施工准备

1. 现场排水。施工现场的道路、设施必须做到排水畅通，尽量做到雨停水干。对临时设施进行检查、整修和加固，保证不漏、不塌、不倒、不积水。

2. 检查并落实施工现场机电设备的防雨、防潮措施。做好塔吊路基和起重吊装设备基础周围的排水，严防雨水浸泡。

3. 检查现场照明线、动力线、电杆的完好情况。

4. 沿河流域的工地，应做好防洪抢险准备。傍山的施工现场，应做好山坡边缘和危石处理，严防滑坡或塌方威胁工地。

5. 原材料、成品、半成品的防雨。水泥应按“先收先发”“后收后发”的原则，避免久存受潮而影响水泥的活性。木门窗等易受潮变形的半成品应在室内堆放，其他材料也应注意防雨及在材料四周做好排水。

6. 备足排水需用的水泵及有关器材，准备适量的塑料布、油毡等防雨材料。

四、雷雨大风对施工的影响

雨天开挖基槽时，开挖前应先察看坑槽边坡有无裂缝塌陷，若有裂缝塌陷应采取措施后方可开挖。坑槽内存有积水时应及时排除干净。挖出的土应及时运出场外，如需用作回填应集中堆置在离坑槽边 3 m 以外。暴雨和大风过后，应检查工地临时设施、脚手架、塔式起重机路基、起重吊装设备基础、机电设备、临时用电线路等，如有倾斜、变形、下沉、漏电等现象应及时修理和加固。

高层建筑、烟囱、水塔的脚手架及易燃、易爆物的仓库和塔吊、打桩机等机械，应设临时避雷装置，接地电阻不应大于 4 Ω。在闪电、雷雨及 6 级以上强风时，不得进行以下作业：

1. 土石方爆破作业。

2. 漏天电焊作业。

3. 露天进行起重作业和高处作业。

4. 在重物起吊过程中如遇大风，信号员和挂钩人员不得用人力强制稳定，应采取可靠措施将吊物放至安全部位，待大风过后再起吊。

5. 在爆破作业装药过程中如遇暴雨，应立即停止装药，人员应撤离危险区。

6. 履带式起重机在雨天作业时严禁在未经夯实的虚土上或低洼处作业。雨后吊装时应先试吊。雨天室外用绝缘棒或传动机构拉、合高压开关时，操作者除应佩戴绝缘防护用品外，绝缘棒应有防雨罩，操作时应有人监护，严禁带负荷拉合开关。

第二节　冬季施工的安全

一、冬季施工的特点

1. 在冬季施工中，对建筑物有影响的长时间的持续负低温、大的温差、强风、降雪和反复的冰冻，经常造成质量事故。冬季施工期是事故多发期。据资料分析，有2/3的工程质量事故发生在冬季施工期，尤其是混凝土工程。

2. 冬期发生质量事故往往不易觉察，到春天解冻时，一系列质量问题才暴露出来。这种事故的滞后性给处理解决质量事故带来很大的困难。并给施工安全带来隐患。

3. 冬季施工的计划性和准备工作时间性很强。

二、施工现场应注意的问题

冬季施工时，施工工地现场应做好准备工作，采取必要的措施，防止出现人身安全事故。

1. 休息场所应设置取暖设备。

2. 施工现场和职工休息场所的一切取暖、保暖设施，必须符合防火和安全卫生的要求。

3. 施工现场的脚手板、斜道板和交通运输道应有防滑措施。大雪过后应将积雪清扫干净，并对脚手架、马道、平台等进行检查，如有松动必须及时加固。

4. 混凝土楼板浇筑完毕，楼板上的各种孔、洞应设置牢固的盖板，再盖草帘或其他保温材料。

5. 氧气瓶、胶管、防止回火的安全装置冻结时，严禁用明火烘烤。

三、冬季加热和取暖

采用煤炭作为燃料加热或取暖时，必须符合防火要求，并有良好的通风和防止煤气中毒的措施，应指定专人负责管理。采用煤气或天然气作为燃料加热或取暖时，除符合防火要求外还应有防止爆炸的措施。各种火炉必须与可燃、易燃物质保持10 m以上的距离。

四、冬季施工采用电热法应遵守的规定

1. 所有电气线路必须由电气专业人员安装，导线连接处应进行包裹，不得外露。

2. 工作地点应设立“警戒区”，加设围挡，并设置“有电危险”的醒目标志。通电时，严禁人员靠近。进入“警戒区”内工作时必须先切断电源。

3. 电热法融解冻土时，应分段、分区流水作业；冻土融解后进行开挖前，应先切断电源。含有金属夹杂物或金属矿石的冻土，不得采用电热法溶解。

4. 电热法养护混凝土时，应符合下列要求：

(1) 电极加热时的工作电压应控制在50～110 V之间。

(2) 采用边浇筑混凝土边通电时，应将钢筋接地，地线深度不得小于1.5 m。

(3) 电热时，应采用逐个闸刀送电，并应设电压调整器控制电压。

五、冬季施工化学外加剂的处理

各类化学外加剂的存放、领取、使用，必须有严格的管理制度和明确的责任制，任何人不

得擅自挪用。使用化学外加剂时，操作人员必须戴口罩、手套等防护用品，防止吸入有害气体和腐蚀皮肤。严禁亚硝酸钠和食盐混放。亚硝酸钠进入施工现场后，应在包装袋上涂以醒目的颜色，避免误食误用。

1. 运输环节。外加剂在外部环境温度低于 0 ℃的情况下，应采取保温措施方可进行运输。

2. 保管环节。施工用聚羧酸减水剂的储存罐应放在房屋内，用外用保温板对聚羧酸减水剂罐进行包裹，并在聚羧酸减水剂罐内用取暖管进行加热保温，以保持聚羧酸减水剂的存储温度不低于 10 ℃。

3. 使用环节。施工中对混凝土入模温度进行控制，对大堆料采取保暖措施，生产用混凝土水温达 60 ℃以上，使混凝土入模温度达到有关规定要求，保证减水剂的使用质量和混凝土的整体质量。

六、冬季施工加热养护混凝土

1. 蒸汽锅炉应有出厂证明和质量合格证。

2. 施工中接触汽源、热水时，应有防止被蒸汽、热水或蒸汽设备烫伤的安全措施。

第三节　季节防火防雷要求

一、冬季施工的防火要求

强化冬季防火安全教育，提高全体员工的防火意识。对施工员工进行冬季施工的防火安全教育是做好冬季施工防火安全工作的关键。只要人人重视防火工作，处处想着防火工作，在做每一件工作时都与防火工作相联系，不断提高全体员工防火意识，冬季施工防火工作就有了保证。

(一)供暖锅炉房的防火要求

1. 锅炉房宜建造在施工现场的下风方向，距在建工程、易燃可燃建筑、露天可燃材料堆场、料库等有一定距离。

2. 锅炉房应不低于二级耐火等级，锅炉房的门应向外开启，锅炉正面与墙的距离应不小于 3 m，锅炉与锅炉之间不小于 1 m 的距离。

3. 锅炉房应有适当采光，锅炉上的安全设备应有良好照明。

4. 锅炉烟道和烟囱与可燃物应保持一定的距离。金属烟囱距可燃结构不小于 10 cm；已做防火保护层的可燃结构不小于 70 cm；砖砌的烟囱和烟道其内表面距可燃结构不小于 50 cm，其外表面不小于 10 cm 。未采取消烟除尘措施的锅炉，其烟囱应设防火星帽。

5. 严格值班检查制度，锅炉开火以后，司炉人员不准离开工作岗位，值班时间绝不允许睡觉或做无关的事。司炉人员下班时，须向下班人员作好交接班，并记录锅炉运行情况。

(二)火炉安装与使用的防火要求

1. 各种金属与砖砌火炉，必须完整良好，不得有裂缝，各种金属火炉与楼板支柱、斜撑、拉杆等可燃物的距离不小于 1 m，已做保护层的火炉距可燃物的距离不小于 70 cm。各种砖砌火炉壁厚不得小于 30 cm 。在没有烟囱的火炉上方不得有拉杆、斜撑等可燃物，必要时须架设铁板等非燃材料隔热，其隔热板应比炉顶外围的每一边都多出 15 cm 以上。

2. 在木地板上安装火炉时必须设置炉盘，有脚的火炉炉盘厚度不得小于12 cm，无脚 的火炉炉盘厚度不得小于18 cm。炉盘应伸出炉门前50 cm，伸出炉后左右各15 cm 。各种火炉应根据需要设置高出炉身的火档。

3. 金属烟囱一节插入另一节的尺寸不得小于烟囱的半径,衔接地方要牢固。各种金属烟囱与板壁、支柱、模板等可燃物的距离不得小于 30 cm ,距已作保护层的可燃物不得小于15 cm。各种小型加热火炉的金属烟囱穿过板壁、窗户、挡风墙、暖棚等时必须设铁板,从烟囱周边到铁板的尺寸不得小于5 cm。

4. 火炉由受过安全消防常识教育的人看守。移动各种加热火炉时,先将火熄灭后方准移动。掏出的炉灰必须随时用水浇灭后倒在指定地点。不准在火炉上熬炼油料、烘烤易燃物品。每层都应配备灭火器材。

(三)易燃、可燃材料的防火要求

1. 使用可燃材料进行保温的工程,必须设专人进行监护巡逻检查。

2. 合理安排施工工序及网络图,一般是将用火作业安排在前,保温材料安排在后。

3. 保温材料定位后,禁止一切用火、用电作业,特别是下层进行保温作业,上层严禁进行用火、用电作业。

4. 照明线路、照明灯具应远离可燃的保温材料。

5. 保温材料使用完以后,要随时进行清理,集中进行存放保管。

(四)消防器材的保温防冻工作

1. 冬季施工工地，应尽量安装地下消火栓,在入冬前应进行一次试水,加少量润滑油，消火栓用草帘、锯木等覆盖,以防冻结。

2. 及时扫除消火栓上的积雪,以免雪化后将消火栓井盖冻住。高层消防竖管应进行保温或将水放空,消防水泵内应考虑采暖措施,以免冻结。

3. 做好消防水池的保温防冻工作,随时进行检查,发现冻结时应进行破冻处理。一般方法是在水池上盖上木板,木板上再盖上不小于40～50 cm厚的稻草、锯末等。

4. 入冬前应将泡沫灭火器、清水灭火器等放入有采暖的地方,并套上保温套。

二、雨季和夏季施工的防火防雷要求

雨季施工到来之前，应对每个配电箱、用电设备进行一次检查,并采取相应的防雨措施,防止因短路造成起火事故。在雨季要随时检查树木附近的电线情况，及时改变线路的方向或砍掉离电线过近的树枝。油库、易燃易爆物品库房、塔吊、卷扬机架、脚手架、在建高层建筑工程等部位及设施都应安装避雷设施。防止雷击的方法是安装避雷装置,其基本原理是将雷电引入大地而消失以达到防雷的目的。所安装的避雷装置必须能保护住受保护的部位及设施。避雷装置三个组成部分必须符合规定,接地电阻不应大于规定欧姆的数值。每年雨季之前,应对避雷装置进行一次全面检查,并用仪器进行遥测,发现问题及时解决，使避雷装置处于良好状态。

电石、乙炔气瓶、氧气瓶、易燃液体等,禁止露天存放,防止受雷雨、日晒发生起火事故。生石灰、石灰粉的堆放应远离可燃材料,防止因受潮或雨淋产生高热,引起周围可燃材料起火。

三、作好防雷设施

雨季为防止雷电袭击造成事故,在施工现场高出建筑物的塔吊、人货电梯、钢脚手架必须装设防雷装置。施工现场的防雷装置一般由避雷针、接地线和接地体三个部分组成。避雷针装在高出建筑物的塔吊、人货电梯、钢脚手架的最高顶端上。接地线可用截面积不小于16 mm^2的铝导线,或用截面积不小于12 mm^2的铜导线,也可用直径不小于8 mm的圆钢。接地体有棒形和带形两种。棒形接地体一般采用长度1.5 m 、壁厚不小于2.5 mm的钢管或角钢。将其一端打光并垂直打入地下,其顶端离地平面不小于50 mm。带形接地体可采用截面积不小于50 mm^2, 长度不小于3 m的扁钢,平卧于地下100 mm处。防雷装置的避雷针、接地线和接地体必须焊接(双面焊),焊接的长度应为圆钢直径的6倍或扁钢厚度的2倍以上,电阻不宜超过10 Ω。

复习思考题

1. 冬季、雨季施工的特点。
2. 冬季施工时现场应注意哪些问题?
3. 雨季施工时应做哪些准备工作?
4. 消防器材应怎样做好保温防冻工作?
5. 冬季防火的具体要求?
6. 防雷装置有哪些? 应如何放置?

附录一

中华人民共和国安全生产法

中华人民共和国主席令

第70号

《中华人民共和国安全生产法》已由中华人民共和国第九届全国人民代表大会常务委员会第二十八次会议于2002年6月29日通过，现予公布，自2002年11月1日起施行。

中华人民共和国主席　江泽民

2002年6月29日

中华人民共和国安全生产法

第一章　总　　则

第一条　为了加强安全生产监督管理，防止和减少生产安全事故，保障人民群众生命和财产安全，促进经济发展，制定本法。

第二条　在中华人民共和国领域内从事生产经营活动的单位（以下统称生产经营单位）的安全生产，适用本法；有关法律、行政法规对消防安全和道路交通安全、铁路交通安全、水上交通安全、民用航空安全另有规定的，适用其规定。

第三条　安全生产管理，坚持安全第一、预防为主的方针。

第四条　生产经营单位必须遵守本法和其他有关安全生产的法律、法规，加强安全生产管理，建立、健全安全生产责任制度，完善安全生产条件，确保安全生产。

第五条　生产经营单位的主要负责人对本单位的安全生产工作全面负责。

第六条　生产经营单位的从业人员有依法获得安全生产保障的权利，并应当依法履行安全生产方面的义务。

第七条　工会依法组织职工参加本单位安全生产工作的民主管理和民主监督，维护职工在安全生产方面的合法权益。

第八条　国务院和地方各级人民政府应当加强对安全生产工作的领导，支持、督促各有关部门依法履行安全生产监督管理职责。

县级以上人民政府对安全生产监督管理中存在的重大问题应当及时予以协调、解决。

第九条　国务院负责安全生产监督管理的部门依照本法，对全国安全生产工作实施综合监督管理；县级以上地方各级人民政府负责安全生产监督管理的部门依照本法，对本行政区域内安全生产工作实施综合监督管理。

国务院有关部门依照本法和其他有关法律、行政法规的规定，在各自的职责范围内对有关的安全生产工作实施监督管理；县级以上地方各级人民政府有关部门依照本法和其他有关法律、法规的规定，在各自的职责范围内对有关的安全生产工作实施监督管理。

第十条 国务院有关部门应当按照保障安全生产的要求，依法及时制定有关的国家标准或者行业标准，并根据科技进步和经济发展适时修订。

生产经营单位必须执行依法制定的保障安全生产的国家标准或者行业标准。

第十一条 各级人民政府及其有关部门应当采取多种形式，加强对有关安全生产的法律、法规和安全生产知识的宣传，提高职工的安全生产意识。

第十二条 依法设立的为安全生产提供技术服务的中介机构，依照法律、行政法规和执业准则，接受生产经营单位的委托为其安全生产工作提供技术服务。

第十三条 国家实行生产安全事故责任追究制度，依照本法和有关法律、法规的规定，追究生产安全事故责任人员的法律责任。

第十四条 国家鼓励和支持安全生产科学技术研究和安全生产先进技术的推广应用，提高安全生产水平。

第十五条 国家对在改善安全生产条件、防止生产安全事故、参加抢险救护等方面取得显著成绩的单位和个人，给予奖励。

第二章　生产经营单位的安全生产保障

第十六条 生产经营单位应当具备本法和有关法律、行政法规和国家标准或者行业标准规定的安全生产条件；不具备安全生产条件的，不得从事生产经营活动。

第十七条 生产经营单位的主要负责人对本单位安全生产工作负有下列职责：

（一）建立、健全本单位安全生产责任制；

（二）组织制定本单位安全生产规章制度和操作规程；

（三）保证本单位安全生产投入的有效实施；

（四）督促、检查本单位的安全生产工作，及时消除生产安全事故隐患；

（五）组织制定并实施本单位的生产安全事故应急救援预案；

（六）及时、如实报告生产安全事故。

第十八条 生产经营单位应当具备的安全生产条件所必需的资金投入，由生产经营单位的决策机构、主要负责人或者个人经营的投资人予以保证，并对由于安全生产所必需的资金投入不足导致的后果承担责任。

第十九条 矿山、建筑施工单位和危险物品的生产、经营、储存单位，应当设置安全生产管理机构或者配备专职安全生产管理人员。

前款规定以外的其他生产经营单位，从业人员超过300人的，应当设置安全生产管理机构或者配备专职安全生产管理人员；从业人员在300人以下的，应当配备专职或者兼职的安全生产管理人员，或者委托具有国家规定的相关专业技术资格的工程技术人员提供安全生产管理服务。

生产经营单位依照前款规定委托工程技术人员提供安全生产管理服务的，保证安全生产的责任仍由本单位负责。

第二十条 生产经营单位的主要负责人和安全生产管理人员必须具备与本单位所从事的生产经营活动相应的安全生产知识和管理能力。

危险物品的生产、经营、储存单位以及矿山、建筑施工单位的主要负责人和安全生产管理人员，应当由有关主管部门对其安全生产知识和管理能力考核合格后方可任职，考核不得收费。

第二十一条 生产经营单位应当对从业人员进行安全生产教育和培训，保证从业人员具备必要的安全生产知识，熟悉有关的安全生产规章制度和安全操作规程，掌握本岗位的安全操作技能。未经安全生产教育和培训合格的从业人员，不得上岗作业。

第二十二条 生产经营单位采用新工艺、新技术、新材料或者使用新设备，必须了解、掌握其安全技术特性，采取有效的安全防护措施，并对从业人员进行专门的安全生产教育和培训。

第二十三条 生产经营单位的特种作业人员必须按照国家有关规定经专门的安全作业培训，取得特种作业操作资格证书，方可上岗作业。

特种作业人员的范围由国务院负责安全生产监督管理的部门会同国务院有关部门确定。

第二十四条 生产经营单位新建、改建、扩建工程项目（以下统称建设项目）的安全设施，必须与主体工程同时设计、同时施工、同时投入生产和使用。安全设施投资应当纳入建设项目概算。

第二十五条 矿山建设项目和用于生产、储存危险物品的建设项目，应当分别按照国家有关规定进行安全条件论证和安全评价。

第二十六条 建设项目安全设施的设计人、设计单位应当对安全设施设计负责。矿山建设项目和用于生产、储存危险物品的建设项目的安全设施设计应当按照国家有关规定报经有关部门审查，审查部门及其负责审查的人员对审查结果负责。

第二十七条 矿山建设项目和用于生产、储存危险物品的建设项目的施工单位必须按照批准的安全设施设计施工，并对安全设施的工程质量负责。

矿山建设项目和用于生产、储存危险物品的建设项目竣工投入生产或者使用前，必须依照有关法律、行政法规的规定对安全设施进行验收；验收合格后，方可投入生产和使用。验收部门及其验收人员对验收结果负责。

第二十八条 生产经营单位应当在有较大危险因素的生产经营场所和有关设施、设备上，设置明显的安全警示标志。

第二十九条 安全设备的设计、制造、安装、使用、检测、维修、改造和报废，应当符合国家标准或者行业标准。

生产经营单位必须对安全设备进行经常性维护、保养，并定期检测，保证正常运转，维护、保养、检测应当做好记录，并由有关人员签字。

第三十条 生产经营单位使用的涉及生命安全、危险性较大的特种设备，以及危险物品的容器、运输工具，必须按照国家有关规定，由专业生产单位生产，并经取得专业资质的检测、检验机构检测、检验合格，取得安全使用证或者安全标志，方可投入使用。检测、检验机构对检测、检验结果负责。涉及生命安全、危险性较大的特种设备的目录由国务院负责特种设备安全监督管理的部门制定，报国务院批准后执行。

第三十一条 国家对严重危及生产安全的工艺、设备实行淘汰制度。生产经营单位不得使用国家明令淘汰、禁止使用的危及生产安全的工艺、设备。

第三十二条 生产、经营、运输、储存、使用危险物品或者处置废弃危险物品的，由有关主管部门依照有关法律、法规的规定和国家标准或者行业标准审批并实施监督管理。

生产经营单位生产、经营、运输、储存、使用危险物品或者处置废弃危险物品，必须执行有关法律、法规和国家标准或者行业标准,建立专门的安全管理制度,采取可靠的安全措施,接受有关主管部门依法实施的监督管理。

第三十三条　生产经营单位对重大危险源应当登记建档,进行定期检测、评估、监控,并制订应急预案,告知从业人员和相关人员在紧急情况下应当采取的应急措施。

生产经营单位应当按照国家有关规定将本单位重大危险源及有关安全措施、应急措施报有关地方人民政府负责安全生产监督管理的部门和有关部门备案。

第三十四条　生产、经营、储存、使用危险物品的车间、商店、仓库不得与员工宿舍在同一座建筑物内,并应当与员工宿舍保持安全距离。生产经营场所和员工宿舍应当设有符合紧急疏散要求、标志明显、保持畅通的出口。禁止封闭、堵塞生产经营场所或者员工宿舍的出口。

第三十五条　生产经营单位进行爆破、吊装等危险作业,应当安排专门人员进行现场安全管理,确保操作规程的遵守和安全措施的落实。

第三十六条　生产经营单位应当教育和督促从业人员严格执行本单位的安全生产规章制度和安全操作规程;并向从业人员如实告知作业场所和工作岗位存在的危险因素、防范措施以及事故应急措施。

第三十七条　生产经营单位必须为从业人员提供符合国家标准或者行业标准的劳动防护用品,并监督、教育从业人员按照使用规则佩戴、使用。

第三十八条　生产经营单位的安全生产管理人员应当根据本单位的生产经营特点,对安全生产状况进行经常性检查;对检查中发现的安全问题,应当立即处理;不能处理的,应当及时报告本单位有关负责人。检查及处理情况应当记录在案。

第三十九条　生产经营单位应当安排用于配备劳动防护用品、进行安全生产培训的经费。

第四十条　两个以上生产经营单位在同一作业区域内进行生产经营活动,可能危及对方生产安全的,应当签订安全生产管理协议,明确各自的安全生产管理职责和应当采取的安全措施,并指定专职安全生产管理人员进行安全检查与协调。

第四十一条　生产经营单位不得将生产经营项目、场所、设备发包或者出租给不具备安全生产条件或相应资质的单位或者个人。

生产经营项目、场所有多个承包单位、承租单位的,生产经营单位应当与承包单位、承租单位签订专门的安全生产管理协议,或者在承包合同、租赁合同中约定各自的安全生产管理职责;生产经营单位对承包单位、承租单位的安全生产工作统一协调、管理。

第四十二条　生产经营单位发生重大生产安全事故时,单位的主要负责人应当立即组织抢救,并不得在事故调查处理期间擅离职守。

第四十三条　生产经营单位必须依法参加工伤社会保险,为从业人员缴纳保险费。

第三章　从业人员的权利和义务

第四十四条　生产经营单位与从业人员订立的劳动合同,应当载明有关保障从业人员劳动安全、防止职业危害的事项,以及依法为从业人员办理工伤社会保险的事项。

生产经营单位不得以任何形式与从业人员订立协议,免除或者减轻其对从业人员因生产安全事故伤亡依法应承担的责任。

第四十五条　生产经营单位的从业人员有权了解其作业场所和工作岗位存在的危险因素、防范措施及事故应急措施,有权对本单位的安全生产工作提出建议。

第四十六条　从业人员有权对本单位安全生产工作中存在的问题提出批评、检举、控告;

有权拒绝违章指挥和强令冒险作业。

生产经营单位不得因从业人员对本单位安全生产工作提出批评、检举、控告或者拒绝违章指挥、强令冒险作业而降低其工资、福利等待遇或者解除与其订立的劳动合同。

第四十七条 从业人员发现直接危及人身安全的紧急情况时，有权停止作业或者在采取可能的应急措施后撤离作业场所。

生产经营单位不得因从业人员在前款紧急情况下停止作业或者采取紧急撤离措施而降低其工资、福利等待遇或者解除与其订立的劳动合同。

第四十八条 因生产安全事故受到损害的从业人员，除依法享有工伤社会保险外，依照有关民事法律尚有获得赔偿的权利的，有权向本单位提出赔偿要求。

第四十九条 从业人员在作业过程中，应当严格遵守本单位的安全生产规章制度和操作规程，服从管理，正确佩戴和使用劳动防护用品。

第五十条 从业人员应当接受安全生产教育和培训，掌握本职工作所需的安全生产知识，提高安全生产技能，增强事故预防和应急处理能力。

第五十一条 从业人员发现事故隐患或者其他不安全因素，应当立即向现场安全生产管理人员或者本单位负责人报告；接到报告的人员应当及时予以处理。

第五十二条 工会有权对建设项目的安全设施与主体工程同时设计、同时施工、同时投入生产和使用进行监督，提出意见。

工会对生产经营单位违反安全生产法律、法规，侵犯从业人员合法权益的行为，有权要求纠正；发现生产经营单位违章指挥、强令冒险作业或者发现事故隐患时，有权提出解决的建议，生产经营单位应当及时研究答复；发现危及从业人员生命安全的情况时，有权向生产经营单位建议组织从业人员撤离危险场所，生产经营单位必须立即作出处理。

工会有权依法参加事故调查，向有关部门提出处理意见，并要求追究有关人员的责任。

第四章　安全生产的监督管理

第五十三条 县级以上地方各级人民政府应当根据本行政区域内的安全生产状况，组织有关部门按照职责分工，对本行政区域内容易发生重大生产安全事故的生产经营单位进行严格检查；发现事故隐患，应当及时处理。

第五十四条 依照本法第九条规定对安全生产负有监督管理职责的部门（以下统称负有安全生产监督管理职责的部门）依照有关法律、法规的规定，对涉及安全生产的事项需要审查批准（包括批准、核准、许可、注册、认证、颁发证照等，下同）或者验收的，必须严格依照有关法律、法规和国家标准或者行业标准规定的安全生产条件和程序进行审查；不符合有关法律、法规和国家标准或者行业标准规定的安全生产条件的，不得批准或者验收通过。对未依法取得批准或者验收合格的单位擅自从事有关活动的，负责行政审批的部门发现或者接到举报后应当立即予以取缔，并依法予以处理。对已经依法取得批准的单位，负责行政审批的部门发现其不再具备安全生产条件的，应当撤销原批准。

第五十五条 负有安全生产监督管理职责的部门对涉及安全生产的事项进行审查、验收，不得收取费用；不得要求接受审查、验收的单位购买其指定品牌或者指定生产、销售单位的安全设备、器材或者其他产品。

第五十六条 负有安全生产监督管理职责的部门依法对生产经营单位执行有关安全生产的法律、法规和国家标准或者行业标准的情况进行监督检查，行使以下职权：

(一)进入生产经营单位进行检查,调阅有关资料,向有关单位和人员了解情况。

(二)对检查中发现的安全生产违法行为,当场予以纠正或者要求限期改正;对依法应当给予行政处罚的行为,依照本法和其他有关法律、行政法规的规定作出行政处罚决定。

(三)对检查中发现的事故隐患,应当责令立即排除;重大事故隐患排除前或者排除过程中无法保证安全的,应当责令从危险区域内撤出作业人员,责令暂时停产停业或者停止使用;重大事故隐患排除后,经审查同意,方可恢复生产经营和使用。

(四)对有根据认为不符合保障安全生产的国家标准或者行业标准的设施、设备、器材予以查封或者扣押,并应当在15日内依法作出处理决定。监督检查不得影响被检查单位的正常生产经营活动。

第五十七条 生产经营单位对负有安全生产监督管理职责的部门的监督检查人员(以下统称安全生产监督检查人员)依法履行监督检查职责,应当予以配合,不得拒绝、阻挠。

第五十八条 安全生产监督检查人员应当忠于职守,坚持原则,秉公执法。安全生产监督检查人员执行监督检查任务时,必须出示有效的监督执法证件;对涉及被检查单位的技术秘密和业务秘密,应当为其保密。

第五十九条 安全生产监督检查人员应当将检查的时间、地点、内容、发现的问题及其处理情况,作出书面记录,并由检查人员和被检查单位的负责人签字;被检查单位的负责人拒绝签字的,检查人员应当将情况记录在案,并向负有安全生产监督管理职责的部门报告。

第六十条 负有安全生产监督管理职责的部门在监督检查中,应当互相配合,实行联合检查;确需分别进行检查的,应当互通情况,发现存在的安全问题应当由其他有关部门进行处理的,应当及时移送其他有关部门并形成记录备查,接受移送的部门应当及时进行处理。

第六十一条 监察机关依照行政监察法的规定,对负有安全生产监督管理职责的部门及其工作人员履行安全生产监督管理职责实施监察。

第六十二条 承担安全评价、认证、检测、检验的机构应当具备国家规定的资质条件,并对其作出的安全评价、认证、检测、检验的结果负责。

第六十三条 负有安全生产监督管理职责的部门应当建立举报制度,公开举报电话、信箱或者电子邮件地址,受理有关安全生产的举报;受理的举报事项经调查核实后,应当形成书面材料;需要落实整改措施的,报经有关负责人签字并督促落实。

第六十四条 任何单位或者个人对事故隐患或者安全生产违法行为,均有权向负有安全生产监督管理职责的部门报告或者举报。

第六十五条 居民委员会、村民委员会发现其所在区域内的生产经营单位存在事故隐患或者安全生产违法行为时,应当向当地人民政府或者有关部门报告。

第六十六条 县级以上各级人民政府及其有关部门对报告重大事故隐患或者举报安全生产违法行为的有功人员,给予奖励。具体奖励办法由国务院负责安全生产监督管理的部门会同国务院财政部门制定。

第六十七条 新闻、出版、广播、电影、电视等单位有进行安全生产宣传教育的义务,有对违反安全生产法律、法规的行为进行舆论监督的权利。

第五章 生产安全事故的应急救援与调查处理

第六十八条 县级以上地方各级人民政府应当组织有关部门制定本行政区域内特大生产安全事故应急救援预案,建立应急救援体系。

第六十九条 危险物品的生产、经营、储存单位以及矿山、建筑施工单位应当建立应急救援组织；生产经营规模较小，可以不建立应急救援组织的，应当指定兼职的应急救援员。

危险物品的生产、经营、储存单位以及矿山、建筑施工单位应当配备必要的应急救援器材、设备，并进行经常性维护、保养，保证正常运转。

第七十条 生产经营单位发生生产安全事故后，事故现场有关人员应当立即报告本单位负责人。

单位负责人接到事故报告后，应当迅速采取有效措施，组织抢救，防止事故扩大，减少人员伤亡和财产损失，并按照国家有关规定立即如实报告当地负有安全生产监督管理职责的部门，不得隐瞒不报、谎报或者拖延不报，不得故意破坏事故现场、毁灭有关证据。

第七十一条 负有安全生产监督管理职责的部门接到事故报告后，应当立即按照国家有关规定上报事故情况。负有安全生产监督管理职责的部门和有关地方人民政府对事故情况不得隐瞒不报、谎报或者拖延不报。

第七十二条 有关地方人民政府和负有安全生产监督管理职责的部门的负责人接到重大生产安全事故报告后，应当立即赶到事故现场，组织事故抢救。

任何单位和个人都应当支持、配合事故抢救，并提供一切便利条件。

第七十三条 事故调查处理应当按照实事求是、尊重科学的原则，及时、准确地查清事故原因，查明事故性质和责任，总结事故教训，提出整改措施，并对事故责任者提出处理意见。事故调查和处理的具体办法由国务院制定。

第七十四条 生产经营单位发生生产安全事故，经调查确定为责任事故的，除了应当查明事故单位的责任并依法予以追究外，还应当查明对安全生产的有关事项负有审查批准和监督职责的行政部门的责任，对有失职、渎职行为的，依照本法第七十七条的规定追究法律责任。

第七十五条 任何单位和个人不得阻挠和干涉对事故的依法调查处理。

第七十六条 县级以上地方各级人民政府负责安全生产监督管理的部门应当定期统计分析本行政区域内发生生产安全事故的情况，并定期向社会公布。

第六章 法律责任

第七十七条 负有安全生产监督管理职责的部门的工作人员，有下列行为之一的，给予降级或者撤职的行政处分；构成犯罪的，依照刑法有关规定追究刑事责任：

（一）对不符合法定安全生产条件的涉及安全生产的事项予以批准或者验收通过的；

（二）发现未依法取得批准、验收的单位擅自从事有关活动或者接到举报后不予取缔或者不依法予以处理的；

（三）对已经依法取得批准的单位不履行监督管理职责，发现其不再具备安全生产条件而不撤销原批准或者发现安全生产违法行为不予查处的。

第七十八条 负有安全生产监督管理职责的部门，要求被审查、验收的单位购买其指定的安全设备、器材或者其他产品的，在对安全生产事项的审查、验收中收取费用的，由其上级机关或者监察机关责令改正，责令退还收取的费用；情节严重的，对直接负责的主管人员和其他直接责任人员依法给予行政处分。

第七十九条 承担安全评价、认证、检测、检验工作的机构，出具虚假证明，构成犯罪的，依照刑法有关规定追究刑事责任；尚不够刑事处罚的，没收违法所得，违法所得在五千元以上的，并处违法所得二倍以上五倍以下的罚款，没有违法所得或者违法所得不足五千元的，单处或者并处五千元以上二万元以下的罚款，对其直接负责的主管人员和其他直接责任人员处五千元以上五万元以下的罚款；给他人造成损害的，与生产经营单位承担连带赔偿责任。

对有前款违法行为的机构，撤销其相应资格。

第八十条　生产经营单位的决策机构、主要负责人、个人经营的投资人不依照本法规定保证安全生产所必需的资金投入，致使生产经营单位不具备安全生产条件的，责令限期改正，提供必需的资金；逾期未改正的，责令生产经营单位停产停业整顿。

有前款违法行为，导致发生生产安全事故，构成犯罪的，依照刑法有关规定追究刑事责任；尚不够刑事处罚的，对生产经营单位的主要负责人给予撤职处分，对个人经营的投资人处二万元以上二十万元以下的罚款。

第八十一条　生产经营单位的主要负责人未履行本法规定的安全生产管理职责的，责令限期改正；逾期未改正的，责令生产经营单位停产停业整顿。

生产经营单位的主要负责人有前款违法行为，导致发生生产安全事故，构成犯罪的，依照刑法有关规定追究刑事责任；尚不够刑事处罚的，给予撤职处分或者处二万元以上二十万元以下的罚款。

生产经营单位的主要负责人依照前款规定受刑事处罚或者撤职处分的，自刑罚执行完毕或者受处分之日起，五年内不得担任任何生产经营单位的主要负责人。

第八十二条　生产经营单位有下列行为之一的，责令限期改正；逾期未改正的，责令停产停业整顿，可以并处二万元以下的罚款：

（一）未按照规定设立安全生产管理机构或者配备安全生产管理人员的；

（二）危险物品的生产、经营、储存单位以及矿山、建筑施工单位的主要负责人和安全生产管理人员未按照规定经考核合格的；

（三）未按照本法第二十一条、第二十二条的规定对从业人员进行安全生产教育和培训，或者未按照本法第三十六条的规定如实告知从业人员有关的安全生产事项的；

（四）特种作业人员未按照规定经专门的安全作业培训并取得特种作业操作资格证书，上岗作业的。

第八十三条　生产经营单位有下列行为之一的，责令限期改正；逾期未改正的，责令停止建设或者停产停业整顿，可以并处五万元以下的罚款；造成严重后果，构成犯罪的，依照刑法有关规定追究刑事责任：

（一）矿山建设项目或者用于生产、储存危险物品的建设项目没有安全设施设计或者安全设施设计未按照规定报经有关部门审查同意的；

（二）矿山建设项目或者用于生产、储存危险物品的建设项目的施工单位未按照批准的安全设施设计施工的；

（三）矿山建设项目或者用于生产、储存危险物品的建设项目竣工投入生产或者使用前，安全设施未经验收合格的；

（四）未在有较大危险因素的生产经营场所和有关设施、设备上设置明显的安全警示标志的；

（五）安全设备的安装、使用、检测、改造和报废不符合国家标准或者行业标准的；

（六）未对安全设备进行经常性维护、保养和定期检测的；

（七）未为从业人员提供符合国家标准或者行业标准的劳动防护用品的；

（八）特种设备以及危险物品的容器、运输工具未经取得专业资质的机构检测、检验合格，取得安全使用证或者安全标志，投入使用的；

（九）使用国家明令淘汰、禁止使用的危及生产安全的工艺、设备的。

第八十四条 未经依法批准，擅自生产、经营、储存危险物品的，责令停止违法行为或者予以关闭，没收违法所得，违法所得十万元以上的，并处违法所得一倍以上五倍以下的罚款，没有违法所得或者违法所得不足十万元的，单处或者并处二万元以上十万元以下的罚款；造成严重后果，构成犯罪的，依照刑法有关规定追究刑事责任。

第八十五条 生产经营单位有下列行为之一的，责令限期改正；逾期未改正的，责令停产停业整顿，可以并处二万元以上十万元以下的罚款；造成严重后果，构成犯罪的，依照刑法有关规定追究刑事责任：

（一）生产、经营、储存、使用危险物品，未建立专门安全管理制度、未采取可靠的安全措施或者不接受有关主管部门依法实施的监督管理的；

（二）对重大危险源未登记建档，或者未进行评估、监控，或者未制订应急预案的；

（三）进行爆破、吊装等危险作业，未安排专门管理人员进行现场安全管理的。

第八十六条 生产经营单位将生产经营项目、场所、设备发包或者出租给不具备安全生产条件或者相应资质的单位或者个人的，责令限期改正，没收违法所得；违法所得五万元以上的，并处违法所得一倍以上五倍以下的罚款；没有违法所得或者违法所得不足五万元的，单处或者并处一万元以上五万元以下的罚款；导致发生生产安全事故给他人造成损害的，与承包方、承租方承担连带赔偿责任。

生产经营单位未与承包单位、承租单位签订专门的安全生产管理协议或者未在承包合同、租赁合同中明确各自的安全生产管理职责，或者未对承包单位、承租单位的安全生产统一协调、管理的，责令限期改正；逾期未改正的，责令停产停业整顿。

第八十七条 两个以上生产经营单位在同一作业区域内进行可能危及对方安全生产的生产经营活动，未签订安全生产管理协议或者未指定专职安全生产管理人员进行安全检查与协调的，责令限期改正；逾期未改正的，责令停产停业。

第八十八条 生产经营单位有下列行为之一的，责令限期改正；逾期未改正的，责令停产停业整顿；造成严重后果，构成犯罪的，依照刑法有关规定追究刑事责任：

（一）生产、经营、储存、使用危险物品的车间、商店、仓库与员工宿舍在同一座建筑内，或者与员工宿舍的距离不符合安全要求的；

（二）生产经营场所和员工宿舍未设有符合紧急疏散需要、标志明显、保持畅通的出口，或者封闭、堵塞生产经营场所或者员工宿舍出口的。

第八十九条 生产经营单位与从业人员订立协议，免除或者减轻其对从业人员因生产安全事故伤亡依法应承担的责任的，该协议无效；对生产经营单位的主要负责人、个人经营的投资人处二万元以上十万元以下的罚款。

第九十条 生产经营单位的从业人员不服从管理，违反安全生产规章制度或者操作规程的，由生产经营单位给予批评教育，依照有关规章制度给予处分；造成重大事故，构成犯罪的，依照刑法有关规定追究刑事责任。

第九十一条 生产经营单位主要负责人在本单位发生重大生产安全事故时，不立即组织抢救或者在事故调查处理期间擅离职守或者逃匿的，给予降职、撤职的处分，对逃匿的处十五日以下拘留；构成犯罪的，依照刑法有关规定追究刑事责任。

生产经营单位主要负责人对生产安全事故隐瞒不报、谎报或者拖延不报的，依照前款规定处罚。

第九十二条　有关地方人民政府、负有安全生产监督管理职责的部门，对生产安全事故隐瞒不报、谎报或者拖延不报的，对直接负责的主管人员和其他直接责任人员依法给予行政处分；构成犯罪的，依照刑法有关规定追究刑事责任。

第九十三条　生产经营单位不具备本法和其他有关法律、行政法规和国家标准或者行业标准规定的安全生产条件，经停产停业整顿仍不具备安全生产条件的，予以关闭；有关部门应当依法吊销其有关证照。

第九十四条　本法规定的行政处罚，由负责安全生产监督管理的部门决定；予以关闭的行政处罚由负责安全生产监督管理的部门报请县级以上人民政府按照国务院规定的权限决定；给予拘留的行政处罚由公安机关依照治安管理处罚条例的规定决定。有关法律、行政法规对行政处罚的决定机关另有规定的，依照其规定。

第九十五条　生产经营单位发生生产安全事故造成人员伤亡、他人财产损失的，应当依法承担赔偿责任；拒不承担或者其负责人逃匿的，由人民法院依法强制执行。

生产安全事故的责任人未依法承担赔偿责任，经人民法院依法采取执行措施后，仍不能对受害人给予足额赔偿的，应当继续履行赔偿义务；受害人发现责任人有其他财产的，可以随时请求人民法院执行。

第七章　附　则

第九十六条　本法下列用语的含义：

危险物品，是指易燃易爆物品、危险化学品、放射性物品等能够危及人身安全和财产安全的物品。

重大危险源，是指长期地或者临时地生产、搬运、使用或者储存危险物品，且危险物品的数量等于或者超过临界量的单元(包括场所和设施)。

第九十七条　本法自 2002 年 11 月 1 日起施行。

附录二

建设工程安全生产管理条例

中华人民共和国国务院令

（第393号）

《建设工程安全生产管理条例》已经2003年11月12日国务院第28次常务会议通过现予公布，自2004年2月1日起施行。

总　理　温家宝

2003年11月24日

第一章　总　　则

第一条　为了加强建设工程安全生产监督管理，保障人民群众生命和财产安全，根据《中华人民共和国建筑法》、《中华人民共和国安全生产法》，制定本条例。

第二条　在中华人民共和国境内从事建设工程的新建、扩建、改建和拆除等有关活动及实施对建设工程安全生产的监督管理，必须遵守本条例。

本条例所称建设工程，是指土木工程、建筑工程、线路管道和设备安装工程及装修工程。

第三条　建设工程安全生产管理，坚持安全第一、预防为主的方针。

第四条　建设单位、勘察单位、设计单位、施工单位、工程监理单位及其他与建设工程安全生产有关的单位，必须遵守安全生产法律、法规的规定，保证建设工程安全生产，依法承担建设工程安全生产责任。

第五条　国家鼓励建设工程安全生产的科学技术研究和先进技术的推广应用，推进建设工程安全生产的科学管理。

第二章　建设单位的安全责任

第六条　建设单位应当向施工单位提供施工现场及毗邻区域内供水、排水、供电、供气、供热、通信、广播电视等地下管线资料，气象和水文观测资料，相邻建筑物和构筑物、地下工程的有关资料，并保证资料的真实、准确、完整。

建设单位因建设工程需要，向有关部门或者单位查询前款规定的资料时，有关部门或者单位应当及时提供。

第七条　建设单位不得对勘察、设计、施工、工程监理等单位提出不符合建设工程安全生产法律、法规和强制性标准规定的要求，不得压缩合同约定的工期。

第八条　建设单位在编制工程概算时，应当确定建设工程安全作业环境及安全施工措施所需费用。

第九条　建设单位不得明示或者暗示施工单位购买、租赁、使用不符合安全施工要求的安全防护用具、机械设备、施工机具及配件、消防设施和器材。

第十条　建设单位在申请领取施工许可证时，应当提供建设工程有关安全施工措施的资料。依法批准开工报告的建设工程，建设单位应当自开工报告批准之日起15日内，将保证安全施工的措施报送建设工程所在地的县级以上地方人民政府建设行政主管部门或者其他有关部门备案。

第十一条　建设单位应当将拆除工程发包给具有相应资质等级的施工单位。

建设单位应当在拆除工程施工15日前，将下列资料报送建设工程所在地的县级以上地方人民政府建设行政主管部门或者其他有关部门备案：

（一）施工单位资质等级证明；

（二）拟拆除建筑物、构筑物及可能危及毗邻建筑的说明；

（三）拆除施工组织方案；

（四）堆放、清除废弃物的措施。

实施爆破作业的，应当遵守国家有关民用爆炸物品管理的规定。

第三章　勘察、设计、工程监理及其他有关单位的安全责任

第十二条　勘察单位应当按照法律、法规和工程建设强制性标准进行勘察，提供的勘察文件应当真实、准确，满足建设工程安全生产的需要。

勘察单位在勘察作业时，应当严格执行操作规程，采取措施保证各类管线、设施和周边建筑物、构筑物的安全。

第十三条　设计单位应当按照法律、法规和工程建设强制性标准进行设计，防止因设计不合理导致生产安全事故的发生。

设计单位应当考虑施工安全操作和防护的需要，对涉及施工安全的重点部位和环节在设计文件中注明，并对防范生产安全事故提出指导意见。

采用新结构、新材料、新工艺的建设工程和特殊结构的建设工程，设计单位应当在设计中提出保障施工作业人员安全和预防生产安全事故的措施建议。

设计单位和注册建筑师等注册执业人员应当对其设计负责。

第十四条　工程监理单位应当审查施工组织设计中的安全技术措施或者专项施工方案是否符合工程建设强制性标准。

工程监理单位在实施监理过程中，发现存在安全事故隐患的，应当要求施工单位整改；情况严重的，应当要求施工单位暂时停止施工，并及时报告建设单位。施工单位拒不整改或者不停止施工的，工程监理单位应当及时向有关主管部门报告。

工程监理单位和监理工程师应当按照法律、法规和工程建设强制性标准实施监理，并对建设工程安全生产承担监理责任。

第十五条　为建设工程提供机械设备和配件的单位，应当按照安全施工的要求配备齐全有效的保险、限位等安全设施和装置。

第十六条　出租的机械设备和施工机具及配件，应当具有生产（制造）许可证、产品合格证。

出租单位应当对出租的机械设备和施工机具及配件的安全性能进行检测，在签订租赁协

议时,应当出具检测合格证明。

禁止出租检测不合格的机械设备和施工机具及配件。

第十七条 在施工现场安装、拆卸施工起重机械和整体提升脚手架、模板等自升式架设设施,必须由具有相应资质的单位承担。

安装、拆卸施工起重机械和整体提升脚手架、模板等自升式架设设施,应当编制拆装方案、制定安全施工措施,并由专业技术人员现场监督。

施工起重机械和整体提升脚手架、模板等自升式架设设施安装完毕后,安装单位应当自检,出具自检合格证明,并向施工单位进行安全使用说明,办理验收手续并签字。

第十八条 施工起重机械和整体提升脚手架、模板等自升式架设设施的使用达到国家规定的检验检测期限的,必须经具有专业资质的检验检测机构检测。经检测不合格的,不得继续使用。

第十九条 检验检测机构对检测合格的施工起重机械和整体提升脚手架、模板等自升式架设设施,应当出具安全合格证明文件,并对检测结果负责。

第四章 施工单位的安全责任

第二十条 施工单位从事建设工程的新建、扩建、改建和拆除等活动,应当具备国家规定的注册资本、专业技术人员、技术装备和安全生产等条件,依法取得相应等级的资质证书,并在其资质等级许可的范围内承揽工程。

第二十一条 施工单位主要负责人依法对本单位的安全生产工作全面负责。施工单位应当建立健全安全生产责任制度和安全生产教育培训制度,制定安全生产规章制度和操作规程,保证本单位安全生产条件所需资金的投入,对所承担的建设工程进行定期和专项安全检查,并做好安全检查记录。

施工单位的项目负责人应当由取得相应执业资格的人员担任,对建设工程项目的安全施工负责,落实安全生产责任制度、安全生产规章制度和操作规程,确保安全生产费用的有效使用,并根据工程的特点组织制定安全施工措施,消除安全事故隐患,及时、如实报告生产安全事故。

第二十二条 施工单位对列入建设工程概算的安全作业环境及安全施工措施所需费用,应当用于施工安全防护用具及设施的采购和更新、安全施工措施的落实、安全生产条件的改善,不得挪作他用。

第二十三条 施工单位应当设立安全生产管理机构,配备专职安全生产管理人员。专职安全生产管理人员负责对安全生产进行现场监督检查。发现安全事故隐患,应当及时向项目负责人和安全生产管理机构报告:对违章指挥、违章操作的,应当立即制止。

专职安全生产管理人员的配备办法由国务院建设行政主管部门会同国务院其他有关部门制定。

第二十四条 建设工程实行施工总承包的,由总承包单位对施工现场的安全生产负总责。

总承包单位应当自行完成建设工程主体结构的施工。

总承包单位依法将建设工程分包给其他单位的,分包合同中应当明确各自的安全生产方面的权利、义务。总承包单位和分包单位对分包工程的安全生产承担连带责任。

分包单位应当服从总承包单位的安全生产管理,分包单位不服从管理导致生产安全事故的,由分包单位承担主要责任。

第二十五条 垂直运输机械作业人员、安装拆卸工、爆破作业人员、起重信号工、登高架设作业人员等特种作业人员,必须按照国家有关规定经过专门的安全作业培训,并取得特种作业操作资格证书后,方可上岗作业。

第二十六条 施工单位应当在施工组织设计中编制安全技术措施和施工现场临时用电方案,对下列达到一定规模的危险性较大的分部分项工程编制专项施工方案,并附具安全验算结果,经施工单位技术负责人、总监理工程师签字后实施,由专职安全生产管理人员进行现场监督:

(一)基坑支护与降水工程;

(二)土方开挖工程;

(三)模板工程;

(四)起重吊装工程;

(五)脚手架工程;

(六)拆除、爆破工程;

(七)国务院建设行政主管部门或者其他有关部门规定的其他危险性较大的工程。对前款所列工程中涉及深基坑、地下暗挖工程、高大模板工程的专项施工方案,施工单位还应当组织专家进行论证、审查。

本条第一款规定的达到一定规模的危险性较大工程的标准,由国务院建设行政主管部门会同国务院其他有关部门制定。

第二十七条 建设工程施工,施工单位负责项目管理的技术人员应当对有关安全施工的技术要求向施工作业班组、作业人员作出详细说明,并由双方签字确认。

第二十八条 施工单位应当在施工现场入口处、施工起重机械、临时用电设施、脚手架、出入通道口、楼梯口、电梯井口孔洞口、桥梁口、隧道口、基坑边沿、爆破物及有害危险气体和液体存放处等危险部位,设置明显的安全警示标志。安全警示标志必须符合国家标准。

施工单位应当根据不同施工阶段和周围环境及季节、气候的变化,在施工现场采取相应的安全施工措施。施工现场暂时停止施工的,施工单位应当做好现场防护,所需费用由责任方承担,或者按照合同约定执行。

第二十九条 施工单位应当将施工现场的办公、生活区与作业区分开设置,并保持安全距离;办公、生活区的选址应当符合安全性要求。职工的膳食、饮水、休息场所等应当符合卫生标准。施工单位不得在尚未竣工的建筑物内设置员工集体宿舍。

施工现场临时搭建的建筑物应当符合安全使用要求。施工现场使用的装配式活动房屋应当具有产品合格证。

第三十条 施工单位对因建设工程施工可能造成损害的毗邻建筑物、构筑物和地下管线等,应当采取专项防护措施。

施工单位应当遵守有关环境保护法律、法规的规定,在施工现场采取措施,防止或者减少粉尘、废气、废水、固体废物、噪声、振动和施工照明对人和环境的危害和污染。在城市市区内的建设工程,施工单位应当对施工现场实行封闭围挡。

第三十一条 施工单位应当在施工现场建立消防安全责任制度,确定消防安全责任人,制定用火、用电、使用易燃易爆材料等各项消防安全管理制度和操作规程,设置消防通道、消防水源,配备消防设施和灭火器材,并在施工现场入口处设置明显标志。

第三十二条 施工单位应当向作业人员提供安全防护用具和安全防护服装，并书面告知危险岗位的操作规程和违章操作的危害。

作业人员有权对施工现场的作业条件、作业程序和作业方式中存在的安全问题提出批评、检举和控告，有权拒绝违章指挥和强令冒险作业。

在施工中发生危及人身安全的紧急情况时，作业人员有权立即停止作业或者在采取必要的应急措施后撤离危险区域。

第三十三条 作业人员应当遵守安全施工的强制性标准、规章制度和操作规程，正确使用安全防护用具、机械设备等。

第三十四条 施工单位采购、租赁的安全防护用具、机械设备、施工机具及配件，应当具有生产（制造）许可证、产品合格证，并在进入施工现场前进行查验。

施工现场的安全防护用具、机械设备、施工机具及配件必须由专人管理，定期进行检查、维修和保养，建立相应的资料档案，并按照国家有关规定及时报废。

第三十五条 施工单位在使用施工起重机械和整体提升脚手架、模板等自升式架设设施前，应当组织有关单位进行验收，也可以委托具有相应资质的检验检测机构进行验收；使用承租的机械设备和施工机具及配件的，由施工总承包单位、分包单位、出租单位和安装单位共同进行验收。验收合格的方可使用。

《特种设备安全监察条例》规定的施工起重机械，在验收前应当经有相应资质的检验检测机构监督检验合格。

施工单位应当自施工起重机械和整体提升脚手架、模板等自升式架设设施验收合格之日起30日内，向建设行政主管部门或者其他有关部门登记。登记标志应当置于或者附着于该设备的显著位置。

第三十六条 施工单位的主要负责人、项目负责人、专职安全生产管理人员应当经建设行政主管部门或者其他有关部门考核合格后方可任职。

施工单位应当对管理人员和作业人员每年至少进行一次安全生产教育培训，其教育培训情况记入个人工作档案。安全生产教育培训考核不合格的人员，不得上岗。

第三十七条 作业人员进入新的岗位或者新的施工现场前，应当接受安全生产教育培训。未经教育培训或者教育培训考核不合格的人员，不得上岗作业。

施工单位在采用新技术、新工艺、新设备、新材料时，应当对作业人员进行相应的安全生产教育培训。

第三十八条 施工单位应当为施工现场从事危险作业的人员办理意外伤害保险。

意外伤害保险费由施工单位支付。实行施工总承包的，由总承包单位支付意外伤害保险费。意外伤害保险期限自建设工程开工之日起至竣工验收合格止。

第五章 监督管理

第三十九条 国务院负责安全生产监督管理的部门依照《中华人民共和国安全生产法》的规定，对全国建设工程安全生产工作实施综合监督管理。

县级以上地方人民政府负责安全生产监督管理的部门依照《中华人民共和国安全生产法》的规定，对本行政区域内建设工程安全生产工作实施综合监督管理。

第四十条 国务院建设行政主管部门对全国的建设工程安全生产实施监督管理。国务院铁路、交通、水利等有关部门按照国务院规定的职责分工，负责有关专业建设工程安全生产的监督管理。

县级以上地方人民政府建设行政主管部门对本行政区域内的建设工程安全生产实施监督管理。县级以上地方人民政府交通、水利等有关部门在各自的职责范围内，负责本行政区域内的专业建设工程安全生产的监督管理。

第四十一条 建设行政主管部门和其他有关部门应当将本条例第十条、第十一条规定的有关资料的主要内容抄送同级负责安全生产监督管理的部门。

第四十二条 建设行政主管部门在审核发放施工许可证时，应当对建设工程是否有安全施工措施进行审查，对没有安全施工措施的，不得颁发施工许可证。

建设行政主管部门或者其他有关部门对建设工程是否有安全施工措施进行审查时，不得收取费用。

第四十三条 县级以上人民政府负有建设工程安全生产监督管理职责的部门在各自的职责范围内履行安全监督检查职责时，有权采取下列措施：

(一)要求被检查单位提供有关建设工程安全生产的文件和资料；

(二)进入被检查单位施工现场进行检查；

(三)纠正施工中违反安全生产要求的行为；

(四)对检查中发现的安全事故隐患，责令立即排除；重大安全事故隐患排除前或者排除过程中无法保证安全的，责令从危险区域内撤出作业人员或者暂时停止施工。

第四十四条 建设行政主管部门或者其他有关部门可以将施工现场的监督检查委托给建设工程安全监督机构具体实施。

第四十五条 国家对严重危及施工安全的工艺、设备、材料实行淘汰制度。具体目录由国务院建设行政主管部门会同国务院其他有关部门制定并公布。

第四十六条 县级以上人民政府建设行政主管部门和其他有关部门应当及时受理对建设工程生产安全事故及安全事故隐患的检举、控告和投诉。

第六章 生产安全事故的应急救援和调查处理

第四十七条 县级以上地方人民政府建设行政主管部门应当根据本级人民政府的要求，制定本行政区域内建设工程特大生产安全事故应急救援预案。

第四十八条 施工单位应当制定本单位生产安全事故应急救援预案，建立应急救援组织或者配备应急救援人员，配备必要的应急救援器材、设备，并定期组织演练。

第四十九条 施工单位应当根据建设工程施工的特点、范围，对施工现场易发生重大事故的部位、环节进行监控，制定施工现场生产安全事故应急救援预案。实行施工总承包的，由总承包单位统一组织编制建设工程生产安全事故应急救援预案，工程总承包单位和分包单位按照应急救援预案，各自建立应急救援组织或者配备应急救援人员，配备救援器材、设备，并定期组织演练。

第五十条 施工单位发生生产安全事故，应当按照国家有关伤亡事故报告和调查处理的规定，及时、如实地向负责安全生产监督管理的部门、建设行政主管部门或者其他有关部门报告；特种设备发生事故的，还应当同时向特种设备安全监督管理部门报告。接到报告的部门应当按照国家有关规定，如实上报。

实行施工总承包的建设工程，由总承包单位负责上报事故。

第五十一条 发生生产安全事故后，施工单位应当采取措施防止事故扩大，保护事故现场。需要移动现场物品时,应当做出标记和书面记录,妥善保管有关证物。

第五十二条 建设工程生产安全事故的调查、对事故责任单位和责任人的处罚与处理,按照有关法律、法规的规定执行。

第七章 法律责任

第五十三条 违反本条例的规定,县级以上人民政府建设行政主管部门或者其他有关行政管理部门的工作人员,有下列行为之一的,给予降级或者撤职的行政处分;构成犯罪的,依照刑法有关规定追究刑事责任:

(一)对不具备安全生产条件的施工单位颁发资质证的;

(二)对没有安全施工措施的建设工程颁发施工许可的;

(三)发现违法行为不予查处的;

(四)不依法履行监督管理职责的其他行为。

第五十四条 违反本条例的规定,建设单位未提供建设工程安全生产作业环境及安全施工措施所需费用的,责令限期改正;逾期未改正的,责令该建设工程停止施工。

建设单位未将保证安全施工的措施或者拆除工程的有关资料报送有关部门备案的,责令限期改正,给予警告。

第五十五条 违反本条例的规定,建设单位有下列行为之一的,责令限期改正,处20万元以上50万元以下的罚款;造成重大安全事故,构成犯罪的,对直接责任人员,依照刑法有关规定追究刑事责任;造成损失的,依法承担赔偿责任:

(一)对勘察、设计、施工、工程监理等单位提出不符合安全生产法律、法规和强制性标准规定的要求的;

(二)要求施工单位压缩合同约定的工期的;

(三)将拆除工程发包给不具有相应资质等级的施工单位的。

第五十六条 违反本条例的规定,勘察单位、设计单位有下列行为之一的,责令限期改正,处10万元以上30万元以下的罚款;情节严重的,责令停业整顿,降低资质等级,直至吊销资质证书;造成重大安全事故,构成犯罪的,对直接责任人员,依照刑法有关规定追究刑事责任;造成损失的,依法承担赔偿责任:

(一)未按照法律、法规和工程建设强制性标准进行勘察、设计的;

(二)采用新结构、新材料、新工艺的建设工程和特殊结构的建设工程,设计单位未在设计中提出保障施工作业人员安全和预防生产安全事故的措施建议的。

第五十七条 违反本条例的规定,工程监理单位有下列行为之一的,责令限期改正;逾期未改正的,责令停业整顿,并处10万元以上30万元以下的罚款;情节严重的,降低资质等级,直至吊销资质证书;造成重大安全事故,构成犯罪的,对直接责任人员,依照刑法有关规定追究刑事责任;造成损失的,依法承担赔偿责任:

(一)未对施工组织设计中的安全技术措施或者专项施工方案进行审查的;

(二)发现安全事故隐患未及时要求施工单位整改或者暂时停止施工的;

(三)施工单位拒不整改或者不停止施工,未及时向有关主管部门报告的;

(四)未依照法律、法规和工程建设强制性标准实施监理的。

第五十八条 注册执业人员未执行法律、法规和工程建设强制性标准的,责令停止执业3个月以上1年以下;情节严重的,吊销执业资格证书,5年内不予注册;造成重大安全事故的,终身不予注册;构成犯罪的,依照刑法有关规定追究刑事责任。

第五十九条　违反本条例的规定,为建设工程提供机械设备和配件的单位,未按照安全施工的要求配备齐全有效的保险、限位等安全设施和装置的,责令限期改正,处合同价款 1 倍以上 3 倍以下的罚款;造成损失的,依法承担赔偿责任。

第六十条　违反本条例的规定,出租单位出租未经安全性能检测或者经检测不合格的机械设备和施工机具及配件的,责令停业整顿,并处 5 万元以上 10 万元以下的罚款;造成损失的,依法承担赔偿责任。

第六十一条　违反本条例的规定,施工起重机械和整体提升脚手架、模板等自升式架设设施安装、拆卸单位有下列行为之一的,责令限期改正,处 5 万元以上 10 万元以下的罚款;情节严重的,责令停业整顿,降低资质等级,直至吊销资质证书;造成损失的,依法承担赔偿责任:

(一)未编制拆装方案、制定安全施工措施的;

(二)未由专业技术人员现场监督的;

(三)未出具自检合格证明或者出具虚假证明的;

(四)未向施工单位进行安全使用说明,办理移交手续的。

施工起重机械和整体提升脚手架、模板等自升式架设设施安装、拆卸单位有前款规定的第(一)项、第(三)项行为,经有关部门或者单位职工提出后,对事故隐患仍不采取措施,因而发生重大伤亡事故或者造成其他严重后果,构成犯罪的,对直接责任人员,依照刑法有关规定追究刑事责任。

第六十二条　违反本条例的规定,施工单位有下列行为之一的,责令限期改正;逾期未改正的,责令停业整顿,依照《中华人民共和国安全生产法》的有关规定处以罚款;造成重大安全事故,构成犯罪的,对直接责任人员,依照刑法有关规定追究刑事责任:

(一)未设立安全生产管理机构、配备专职安全生产管理人员或者分部分项工程施工时无专职安全生产管理人员现场监督的;

(二)施工单位的主要负责人、项目负责人、专职安全生产管理人员、作业人员或者特种作业人员,未经安全教育培训或者经考核不合格即从事相关工作的;

(三)未在施工现场的危险部位设置明显的安全警示标志,或者未按照国家有关规定在施工现场设置消防通道、消防水源、配备消防设施和灭火器材的;

(四)未向作业人员提供安全防护用具和安全防护服装的;

(五)未按照规定在施工起重机械和整体提升脚手架、模板等自升式架设设施验收合格后登记的;

(六)使用国家明令淘汰、禁止使用的危及施工安全的工艺、设备、材料的。

第六十三条　违反本条例的规定,施工单位挪用列入建设工程概算的安全生产作业环境及安全施工措施所需费用的,责令限期改正,处挪用费用 20% 以上 50% 以下的罚款;造成损失的,依法承担赔偿责任。

第六十四条　违反本条例的规定,施工单位有下列行为之一的,责令限期改正;逾期未改正的,责令停业整顿,并处 5 万元以上 10 万元以下的罚款;造成重大安全事故,构成犯罪的,对直接责任人员,依照刑法有关规定追究刑事责任:

(一)施工前未对有关安全施工的技术要求作出详细说明的;

(二)未根据不同施工阶段和周围环境及季节、气候的变化,在施工现场采取相应的安全施工措施,或者在城市市区内的建设工程的施工现场未实行封闭围挡的;

（三）在尚未竣工的建筑物内设置员工集体宿舍的；

（四）施工现场临时搭建的建筑物不符合安全使用要求的；

（五）未对因建设工程施工可能造成损害的毗邻建筑物、构筑物和地下管线等采取专项防护措施的。

施工单位有前款规定第（四）项、第（五）项行为，造成损失的，依法承担赔偿责任。

第六十五条　违反本条例的规定，施工单位有下列行为之一的，责令限期改正；逾期未改正的，责令停业整顿，并处10万元以上30万元以下的罚款；情节严重的，降低资质等级，直至吊销资质证书；造成重大安全事故，构成犯罪的，对直接责任人员，依照刑法有关规定追究刑事责任；造成损失的，依法承担赔偿责任：

（一）安全防护用具、机械设备、施工机具及配件在进入施工现场前未经查验或者查验不合格即投入使用的；

（二）使用未经验收或者验收不合格的施工起重机械和整体提升脚手架、模板等自升式架设设施的；

（三）委托不具有相应资质的单位承担施工现场安装、拆卸施工起重机械和整体提升脚手架、模板等自升式架设设施的；

（四）在施工组织设计中未编制安全技术措施、施工现场临时用电方案或者专项施工方案的。

第六十六条　违反本条例的规定，施工单位的主要负责人、项目负责人未履行安全生产管理职责的，责令限期改正；逾期未改正的，责令施工单位停业整顿；造成重大安全事故、重大伤亡事故或者其他严重后果，构成犯罪的，依照刑法有关规定追究刑事责任。

作业人员不服管理、违反规章制度和操作规程冒险作业造成重大伤亡事故或者其他严重后果，构成犯罪的，依照刑法有关规定追究刑事责任。

施工单位的主要负责人、项目负责人有前款违法行为，尚不够刑事处罚的，处2万元以上20万元以下的罚款或者按照管理权限给予撤职处分；自刑罚执行完毕或者受处分之日起，5年内不得担任任何施工单位的主要负责人、项目负责人。

第六十七条　施工单位取得资质证书后，降低安全生产条件的，责令限期改正；经整改仍未达到与其资质等级相适应的安全生产条件的，责令停业整顿，降低其资质等级直至吊销资质证书。

第六十八条　本条例规定的行政处罚，由建设行政主管部门或者其他有关部门依照法定职权决定。

违反消防安全管理规定的行为，由公安消防机构依法处罚。

有关法律、行政法规对建设工程安全生产违法行为的行政处罚决定机关另有规定的，从其规定。

第八章　附　　则

第六十九条　抢险救灾和农民自建低层住宅的安全生产管理，不适用本条例。

第七十条　军事建设工程的安全生产管理，按照中央军事委员会的有关规定执行。

第七十一条　本条例自2004年2月1日起施行。

附录三

建筑安装工人安全技术操作规程(节选)

第 90 条　支设 4 m 以上的立柱模板,四周必须顶牢。操作时要搭设工作台;不足 4 m 的,可使用马凳操作。

第 91 条　支设独立梁模应设临时工作台,不得站在柱模上操作和在梁底模上行走。

第 92 条　拆除模板应经施工技术人员同意。操作时应按顺序分段进行,严禁猛撬、硬砸或大面积撬落和拉倒。完工前,不得留下松动和悬挂的模板。拆下的模板应及时运送到指定地点集中堆放,防止钉子扎脚。

第 93 条　拆除薄腹梁、吊车梁、桁架等预制构件模板,应随拆随加顶撑支牢,防止构件倾倒。

第 156 条　冷拉卷扬机前应设置防护挡板,没有挡板时,应将卷扬机与冷拉方向成 90°,并且应用封闭式导向滑轮。操作时要站在防护挡板后,冷拉场地不准站人和通行。

第 157 条　冷拉钢筋要上好夹具,离开后再发开车信号。发现滑动或其他问题时,要先行停车,放松钢筋后,才能重新进入操作。

第 158 条　冷拉和张拉钢筋要严格按照规定应力和伸长率进行,不得随便变更。不论拉伸或放松钢筋都应缓慢均匀,发现油泵、千斤顶、锚卡具有异常,应即停止张拉。

第 159 条　张拉钢筋,两端应设置防护挡板。钢筋张拉后要加以防护,禁止压重物或在上面行走。浇灌混凝土时,要防止震动器冲击预应力钢筋。

第 258 条　大模板和预制构件,应按施工组织设计的规定分区堆放,各区之间保持一定距离。存放场地必须平整夯实,不得存放在松土和坑洼不平的地方。

第 259 条　各种类型大模板,应按设计制造。每块大模板应设有操作平台、上下梯道、防护栏杆以及存放小型工具和螺栓的工具箱。出厂前应认真检查,必须符合安全要求。

第 260 条　大模板存放,必须将地脚螺栓提上去,使自稳角成为 70° ~ 80°,下部应垫通长木方。长期存放的大模板,应用拉杆连接绑牢。存放在楼层时,须在大模板横梁上挂钢丝绳或花篮螺栓,钩在楼板吊钩或墙体钢筋上。

第 261 条　没有支撑或自稳角不足的大模板,要存放在专用的堆放架内或卧倒平放,不应靠在其他模板或构件上。

第 265 条　安装和拆除大模板,吊车司机与安装人员应经常检查索具,密切配合,做到稳起、稳落、稳就位,防止大模板大幅度摆动,碰撞其他物体,造成倒塌事故。

第 266 条　模板安装和拆除时,指挥、挂钩和安装人员应经常检查吊环,对筒模要预先调整好重心。起吊时应用卡环和安全吊钩,不得斜牵起吊。严禁操作人员随模板起落。

第 267 条　大模板安装时,应先内后外对号就位。单面模板就位后,用钢筋三角支架插入板面螺栓眼上支撑牢固。双面模板就位后,用拉杆和螺栓固定。未就位固定前不得摘钩。

第 268 条　吊装大模板时,如有防止脱钩装置,可吊运同一房间的两块,但禁止隔着墙同时吊运一面一块。

第 269 条　有平台的大模板起吊时,平台上禁止存放任何物体。里外角模和临时摘、挂的板面与大模板必须连接牢固,防止脱开和断裂坠落。

第 270 条　分开浇灌纵横墙混凝土时,可在两道横墙的模板平台上搭设临时走道或其他安全措施。禁止操作人员在外墙上行走。

第 271 条 拆模板应先拆穿墙螺栓和铁件等，并使模板面与墙面脱离，方可慢速起吊。

第 272 条 清扫模板和刷隔离剂时，必须将模板支撑牢固，两板中间保持不少于 60cm 的走道。

第 273 条 大模板放置时，下面不得压有电线和气焊管线。采用电热法养护混凝土时，必须将模板串联并与避雷网接通，防止漏电。

第 274 条 各种预制构件安装必须按施工顺序对号就位，应保持垂直稳起。就位后，立即将构件的拉杆和支撑焊牢或锚固，方可摘钩。禁止站在外墙板边沿探身推拉构件。

第 275 条 从插放架起吊墙板应用卡环卡牢，垂直稳起，墙板必须超过障碍物允许高度方可回转臂杆。

第 276 条 上下层壁板就位后，应将预留钢筋立即焊牢，禁止下层壁板未焊牢前安装上层构件。

第 277 条 分流水段施工，流水段端头的外墙板，一侧与横墙连接，另一侧必须用铁管和带有花篮螺栓的钢丝绳，把外墙板与楼板临时拉牢。直到与下一流水段钢筋套环串好加固后方可拆掉。

第 278 条 墙板就位固定后不得撬动，需要撬动调整时，应重新挂钩。墙板安装过程中禁止拆移支撑和拉杆。

第 279 条 外墙为砖砌体，内墙浇灌混凝土前，必须将外砖墙加固，防止墙体外涨。在拆除时，禁止把加固材料悬挂在墙体上和直接下扔。

第 280 条 阳台板安全就位必须逐层支设临时支柱，连续支顶不得少于 3 层，并应与墙体拉结牢固。阳台板预留的拉结筋与圈梁钢筋应及时焊接。

第 281 条 阳台栏板和楼梯栏杆，应随楼层安装。如不能及时安装，必须在外侧搭设防护栏杆。

第 282 条 预制构件就位焊接牢固后，就立即将吊环割掉，防止绊脚。

附录四

液压滑动模板施工安全技术规程(节选)

第 2.0.1 条　滑模工程开工前,施工单位必须根据工程结构和施工特点以及施工环境、气候等条件编制滑模施工安全技术措施,作为滑模工程施工组织设计的一部分,报上级安全和技术主管部门审批后实施。

第 2.0.2 条　滑模工程承建单位的负责人应对安全工作全面负责。

第 2.0.3 条　滑模工程施工负责人必须对管辖范围内的安全技术全面负责,组织编制滑模工程的安全技术措施,进行安全技术交底及处理施工中的安全技术问题。

第 2.0.4 条　安全与技术管理部门,应认真贯彻实行安全责任制,密切配合做好安全工作。

第 2.0.5 条　滑模施工中必须配备具有安全技术知识、熟悉本规范和《液压滑动模板施工技术规范》的专职安全检查员。

安全检查员负责滑模施工现场的安全检查工作,对违章作业有权制止。发现重大不安全问题时,有权指令先行停工,并立即报告领导研究处理。

第 2.0.6 条　对参加滑模工程施工的人员,必须进行技术培训和安全教育,使其了解本工程滑模施工特点、熟悉本规范的有关条文和本岗位的安全技术操作规程,并通过考核合格后方能上岗工作。主要施工人员应相对固定。

第 2.0.7 条　滑模施工中应经常与当地气象台、站取得联系,遇到雷雨、六级和六级以上大风时,必须停止施工。停工前做好停滑措施,操作平台上人员撤离前,应对设备、工具、零散材料、可移动的铺板等进行整理、固定并作好防护,全部人员撤离后立即切断通向操作平台的供电电源。

第 2.0.8 条　滑模操作平台上的施工人员应定期体检,经医生诊断凡患有高血压、心脏病、贫血、癫痫病及其他不适应高空作业疾病的,不得上操作平台工作。

第 3.0.1 条　滑模施工现场必须具备场地平整、道路通畅、通电、通水的条件,现场布置应按施工组织设计总平面图进行。

第 3.0.2 条　在施工的建(构)筑物周围必须划出施工危险警戒区。警戒线至建(构)筑物的距离不应小于施工对象高度的 1/10,且不小于 10 cm。当不能满足要求时,应采取有效的安全防护措施。

第 3.0.3 条　危险警戒线应设置围栏和明显的警戒标志,出入口应设专人警卫并制定警卫制度。

第 3.0.4 条　施工现场的供电、办公及生活设施等临时建筑和大宗材料的堆放,应布置在危险警戒区处。

第 3.0.5 条　危险警戒区内的建筑物出入口、地面通道及机械操作场所,应搭设高度不低于 2.5 m 的安全防护棚。

滑模工程进行立体交叉作业时,上、下工作面间,应搭设隔离防护棚。

各种牵拉钢丝绳、滑轮装置、管道、电缆及设备等均应采取防护措施。

第 3.0.6 条　防护棚的构造应满足下列要求:

一、防护棚结构应通过计算确定;

二、棚顶一般可采用不少于二层纵横交错的木板(木板厚度不小于3 cm)、竹夹板组成,重要场所增加一层2~3 mm厚的钢板;

三、建(构)筑物的内部防护棚,应从中间向四周留坡,外(四周)防护棚应做成向内留坡(外高内低),其坡底均不小于1:5;

四、垂直运输设备穿过防护棚时,防护棚所留洞口周围应设置围栏和挡板,其高度不应小于800 mm;

五、烟囱类构筑物,当利用平台、灰斗底板代替防护棚时,在其板面上应采取缓冲措施。

第3.0.7条 楼板和平台上的洞口、漏斗口及内外墙上的危险洞口处,应及时设盖板、围栏或满挂安全网封闭。

第3.0.8条 楼梯、爬梯等处应设扶手或安全栏杆。

第3.0.9条 升降机通道口及地面落罐处等施工人员上、下处应设围栏。

第3.0.10条 现场垂直运输机构的布置应符合下列要求:

一、垂直运输用的卷扬机,应布置在危险警戒区以外,并尽量设在能与塔架上、下通视的地方;

二、当采用多台塔吊同场作业时,应防止相互碰撞。

第3.0.11条 地面施工作业人员,在警戒区内防护棚外进行短时间工作时,应与操作平台上作业人员取得联系,并指定专人负责警戒。

第4.0.1条 滑模操作平台的设计应具有完整的设计计算书、技术说明及施工图,并必须经过审核报主管技术部门批准。

第4.0.2条 滑模操作平台的制作,必须按设计图纸加工;如有变动,必须经主管设计人员同意,并应有相应的设计变更文件。

第4.0.3条 制作滑模操作平台的材料应有合格证,其品种、规格等应符合设计要求。材料的代用,必须经主管设计人员同意。

第4.0.4条 滑模操作平台各部件的焊接质量必须经检验合格,符合设计要求。

第4.0.5条 操作平台及吊脚手架上的铺板必须严密平整、防滑、固定可靠,并不得随意挪动。操作平台的孔洞(如上下层操作平台的通道孔、梁模悬空部位等)应设盖板封严。

第4.0.6条 操作平台(包括内外吊脚手)边缘应设钢制防护栏杆,其高度不小于120 cm,横挡间距不大于35 cm,底部设高度大于18 cm的挡板。在防护栏杆外侧应满挂铁丝网或安全网封闭,并应与防护栏杆绑扎牢固。

内部吊脚手架操作面一侧的栏杆与操作面的距离不大于10 cm。

第4.0.7条 操作平台的内外吊脚手应兜底满挂安全网,并应符合下列要求:

一、不得使用破烂变质的安全网,安全网与吊脚手骨架应用铁丝或尼龙绳与网纲等强连接,连接点间距不应大于50 cm;

二、对老厂改造工程或在离周围建筑物较近及行人较多的地段施工时,操作平台的外侧吊脚手应加强防护措施;

三、安全网片之间应满足等强连接,连接点间距与网结间距相同。

第4.0.8条 当滑模操作平台上设有随升井架时,在人、料道口应设防护栏杆;在其他侧面应用铁丝网封闭。防护栏杆和封闭用的铁丝高度不应低于1.2 cm。

第5.1.1条 滑模施工中所使用的垂直运输设备,应根据滑模施工特点、建筑物的形状、地形及周围环境等条件,在保证施工安全的前提下进行选择。

第 5.1.2 条　垂直运输设备的设置、安装、检验及操作等，除应遵守国家现行有关的专业安全技术规程外，尚应符合设备出厂说明中安全技术文件的各项要求。没有上述文件时，应编制该设备安装及操作的安全技术规定。

第 5.1.3 条　垂直运输设备，应有完善可靠的安全保护装置(如起重量及提升高度的限制、制动、防滑、信号等装置及紧急安全开头等)，严禁使用安全保护装置不完善的垂直运输设备。

第 5.1.4 条　垂直运输设备安装完毕后，应按出厂说明书要求进行无负荷、静负荷、动负荷试验及安全保护装置的可靠性试验。

第 5.1.5 条　对垂直运输设备应建立定期检修和保养的责任制。

第 5.1.6 条　操作垂直运输设备的司机，必须通过专业培训，考核合格后持证上岗，禁止无证人员操作垂直运输设备。

第 5.1.7 条　垂直运输设备司机，在有下列情况之一时，不得操作设备，并有权拒绝任何人指使启动设备。

一、司机与起重物之间视线不清、夜间照明不足，而又无可靠的信号和自动停车、限位等安全装置；

二、设备的传动机构、制动机构、安全保护装置有故障，问题不清，动作不灵；

三、电气设备无接地或接地不良，电气线路有漏电；

四、超负荷或超定员；

五、无明确统一信号和操作规程。

第 5.2.1 条　塔式起重机安装前，应按下列要求对轨道进行检查和验收。

一、轨道纵、横向水平度偏差不大于 1/1 000；

二、两轨间距偏差不大于 1/1 000 轨距，且不大于 6 mm；

三、轨道接头间隙不大于 4 mm，两轨轨顶高差不大于 2 mm；

四、轨道接地电阻不大于 4 Ω；

五、轨道端部应有限位挡车装置。

第 5.2.2 条　各类井架的缆风绳、固定卷扬用的锚索、装拆塔式起重机等的地锚，按定值设计法设计时的经验安全系数应符合下列要求：

一、在垂直分力作用下的安全系数不小于 3；

二、在水平分力作用下的安全系数不小于 4；

三、缆风绳和锚索必须用钢丝绳，其安全系数不小于 3.5。

第 5.2.3 条　采用竖井架或随升井架作滑模垂直运输设备时，必须验算在最大起重量、最大起重高度井架自重、风载、导轨(稳绳)张紧力、制动力等最不利情况下结构的强度和稳定。

第 5.2.4 条　竖井架的安装和拆除应符合下列规定：

一、支承底座安装的水平度偏差不大于 1/1 000；

二、架身垂直度偏差不大于 1/1 000，且不大于 10 cm，无扭转现象；

三、缆风绳的张紧或放松应对称同时进行。位于结构物内的井架与结构物的柔性联结，也应均匀对称拉撑，柔性联结点应经设计验算，其间距不宜大于 10 m；

四、缆风绳越过高压电线时，必须搭设竹、木脚手架保护，并保持安全距离；

五、井架的安装和拆除必须有安全技术措施。

第 5.2.5 条　与井架配套使用的卷扬机的设置地点与卷扬机前第一个导向轮之间的距

离,不得小于卷筒长度的 20 倍。

第 5.2.6 条 滑模施工中,采用自制的井架或随升井架及非标准电梯或罐笼运送物料和人员时,宜采用双绳双筒同步卷扬机。当采用单绳卷扬机时,罐笼两侧必须设有安全卡钳。

第 5.2.7 条 安全卡钳应结构合理,工作可靠,其设计和验算应符合下列要求:

一、安全卡钳中楔块工作面上的允许压强应不小于 150 MPa;

二、罐笼运行时安全卡钳的楔块与导轨(稳绳)工作面的间隙,不应小于 2 mm;

三、安全卡钳钢制零件按定值设计法设计时,其经验安全体系数不得小于 3.5,楔块材质不低于 45 号钢,工作面硬度不低于 HRC45。

第 5.2.8 条 自行设计的安全卡钳,安装后应按最不利情况进行负荷试验,并经安全和技术主管部门鉴定合格方可投入使用。

第 5.2.9 条 电梯和罐笼的柔性导轨(稳绳),应采用金属芯钢丝绳,其直径宜为 19.5 mm。柔性导轨的张紧力一般按每 100 m 长取 10 ~ 12 kN。每副导轨力两根导轨的张紧力差以 15% ~20% 为宜。采用双罐笼时,张紧力相同的导轨应按中心对称设置。

第 5.2.10 条 柔性导轨设有测力装置,并有专人使用和检查。

第 5.2.11 条 使用非标准电梯或罐笼时,其接触地面处应设置缓冲器,缓冲器种类宜按表 5.2.11 选用。

第 5.2.12 条 非标准电梯或罐笼应采用拉伸门,其他侧面用钢板或带加劲肋的钢丝网(或钢板网)密封。

参考文献

[1]天津建工集团总公司. 建筑施工安全检查标准(JGJ 59—99). 北京:中国建筑工业出版社,1999.

[2]上海市第七建筑公司等. 施工企业安全生产评价标准(JGJ/T 77—2003). 北京:中国建筑工业出版社,2003.

[3]廖品槐. 建筑工程质量与安全管理. 北京:中国建筑工业出版社,2005.

[4]任轶蕾, 马兰,骆中钊,等. 建筑工程施工安全常识. 北京:化学工业出版社,2005.

[5]李世蓉,兰定筠, 罗刚. 建设工程施工安全控制. 北京:中国建筑工业出版社,2004.

[6]范照远. 建筑施工与安全技术. 北京:中国建材工业出版社,1999.